U0337950

国家自然科学基金面上项目（62173171）资助

网络控制系统实时通信与优化维修方法研究

金海波　著

中国矿业大学出版社
·徐州·

图书在版编目(CIP)数据

网络控制系统实时通信与优化维修方法研究 / 金海
波著. — 徐州:中国矿业大学出版社,2024. 6.
ISBN 978-7-5646-6318-6

Ⅰ. TP273

中国国家版本馆 CIP 数据核字第 2024Z2Z147 号

书　　名	网络控制系统实时通信与优化维修方法研究	
著　　者	金海波	
责任编辑	仓小金	
出版发行	中国矿业大学出版社有限责任公司	
	（江苏省徐州市解放南路　邮编 221008）	
营销热线	(0516)83885370　83884103	
出版服务	(0516)83995789　83884920	
网　　址	http://www.cumtp.com　E-mail:cumtpvip@cumtp.com	
印　　刷	徐州中矿大印发科技有限公司	
开　　本	787 mm×1092 mm　1/16　印张 8.25　字数 211 千字	
版次印次	2024 年 6 月第 1 版　2024 年 6 月第 1 次印刷	
定　　价	48.00 元	

（图书出现印装质量问题,本社负责调换）

前　言

目前，网络控制系统（Networked Control System，NCS）的通信部分大都采用工业以太网技术。工业以太网具有全双工通信、信息优先级以及虚拟局域网等特点，然而被列入标准的工业以太网技术在访问控制层保留了 CSMA/CD 协议。如何对具有 CSMA/CD 协议的工业以太网技术进行改进仍然具有现实意义。另一方面，随着仪器仪表技术发展和生产自动化程度的提高，NCS 设备正向复杂、成套、自控和机电一体化的方向发展。生产自动化程度越高、设备越复杂、生产对维护维修的依赖就越大。当设备失效时，不仅会因停产造成经济损失，而且会危及整个生产控制系统、周围环境甚至人身安全。对设备进行及时有效的维修，降低设备失效风险十分重要。为此本书对提高工业以太网实时性和系统优化维修策略两个方面进行了研究，具体工作如下：

（1）针对数据帧在发送节点及中继器缓存队列中排队延时给通信性能造成一定影响这一问题，用排队论建立基于损失制的以太网传输性能的数学模型，并给出该模型的目标函数，推导目标函数取最小时的最佳缓存队列长度。

（2）为提高实时以太网通信性能和数据帧发送成功率，提出一种基于随机优化理论的实时以太网数据传输优化策略。对实时以太网传输状态进行分析，确定以太网处于每种状态的概率及数据帧发生碰撞后每次重传成功概率，最后对节点发送速率进行了优化。

（3）针对如何确定双设备构成的冗余 NCS 的最佳维修周期问题，建立冗余控制系统维修模型。利用半 Markov 理论、再生点技术以及拉普拉斯变换技术分析了系统状态转移概率、系统状态分布函数，以及系统工作寿命。优化了系统的维修周期。

（4）针对双储备设备构成高可靠的 NCS，如何配置该系统的冷/温/热储备模型才能实现系统性能最优的问题。分别建立了系统冷/温/热储备模型，通过模型对比分析给出不同条件下的系统储备模型的优化选择算法。

（5）针对多设备构成的相干系统，建立了基于几何过程和生存特征技术的优化维修模型。给出了两个不同场景下的多设备相干系统的维修策略，协同优化了维修次数 $N*$ 和维修周期 $T*$。

（6）针对大规模 NCS 的维修问题，建立了基于排队论的优先级和无优先级的维修模型，两个模型均以系统最小损失成本为目标函数，优化了最优维修率。

（7）以大连理工计算机控制工程有限公司的综合监控系统为实例，对实时以太网通信技术中响应时间的优化方案和 NCS 的优化维修方案进行验证，实验结果分别验证了实时通信优化方案和维修优化方案的有效性。

本书适合机械工程、电气工程和管理科学与工程专业的研究生和工程技术人员参考使用。

由于作者水平所限，本书有疏漏错误之处再所难免，恳请广大读者批评指正。

著　者

2024.1

目　　录

1 绪 论

1.1 课题背景及意义

目前网络控制系统(Networked Control System,NCS)的通信部分大都采用工业以太网技术。工业以太网具有全双工通信、信息优先级以及虚拟局域网等特点,其响应时间可以达到5~10 ms[1,2]。然而对于复杂的高精度网络控制系统,该响应时间仍不能满足其要求。因此为了提高工业以太网的实时性,各大公司及组织在 IEEE802.3 标准的基础上,对工业以太网进行改进和扩展,并各自提出自己的技术方案。按照国际电工委员会 IEC/SC65C 对实时以太网的定义,这些技术方案都做到了与标准以太网的无缝连接且响应时间小于5 ms。因此它们是真正意义上的实时以太网(real-time ethernet,RTE)[3]。截至 2024 年1 月,国内外已有 20 多种实时以太网协议[4],包括 PROFINET[5]、EtherNet/IP[6]、EtherCAT[7]、Powerlink[8]、TCNet[9]、EPA[10]等。其中,由我国提出的 EPA 标准协议作为第十四类型(Type 14)列入了 IEC61158 -300/400/500/600(分别对应数据链路层服务/数据链路层协议/应用层服务/应用层协议),作为第十四公共行规簇 CPF14(Communication Profile Family 14)列入了实时以太网国际标准 IEC61784-2。这是目前第一个由我国自主制定的拥有知识产权并被国际上认可和接受的工业自动化国际标准。实际上,基于时隙复用的工业实时以太网通信协议按照网络层次划分主要包括物理层、数据链路层、网络层、传输层和应用层,如图 1-1 所示。

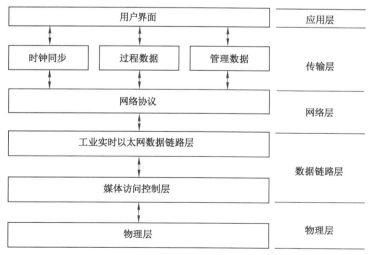

图 1-1 工业实时以太网层次示意图

工业 RTE 通信协议的物理层和数据链路层基本采用以太网 IEEE802.3 协议标准,因此支持标准以太网的工业网络节点均可支持此协议。而网络层、传输层和应用层根据实际应用场景进行定制。工业 RTE 通信协议的核心是基于时隙复用的实时调度方法,主要在数据链路层上设计和实现,这种实时调度方法主要采用时分复用调度策略将连续时间划分为不同的时隙,从而使网络中的所有通信节点使用周期性通信模式。不同类型的节点的不同类型数据在分配的时隙上进行传输。该方法的原理如图 1-2 所示。

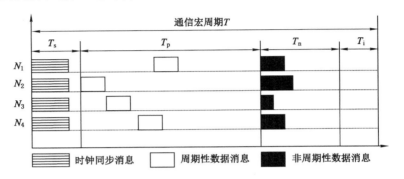

图 1-2　基于时隙复用的实时调度示意图

通信宏周期 T 表示通信节点一次周期性通信的时间长度;T_s 表示时钟同步周期的长度,在时钟同步周期内,网络中的所有通信节点分别与主时钟进行同步;T_p 指周期性数据的周期长度。周期性数据主要是工业控制网络中各种传感器和仪表采集的状态运行数据和实时的控制指令数据。这类数据是周期性生成的,对实时性要求较高。在周期性数据周期内,网络中的每个通信节点只在其预先分配的时间段内发送数据,因此可以确保在周期性数据周期的任何时刻,网络中只有一个通信节点发送数据,避免了多个通信节点同时发送数据时网络中消息的拥塞,导致数据传输延迟抖动的过度变化。T_n 表示非周期性数据周期的长度。工业控制网络中的每个节点经常生成和响应各种类型的非实时控制指令数据,这类数据不是周期性生成的。命令生成之间的时间间隔不固定,其实时性要求低于采集数据。如果在周期性数据周期中为数据传输分配单独的时间槽,将降低整体运行效率,因此,当网络通信节点接收到上层应用准备发送到工业控制网络的指令数据时,它首先将数据存储在非周期性数据传输队列中。当进入非周期性数据周期时,网络通信节点从非周期性数据传输队列中取出数据并发送。如果非周期性数据周期结束,非周期性数据传输队列中的数据未完全发送,则等待下一个非周期性数据窗口继续发送;T_i 表示空闲期的长度,在此期间网络通信节点准备在下一个通信调度周期中发送数据。

由此可见,在提高以太网的实时性和对以太网进行规范方面,各大公司及标准化组织都做了巨大贡献,制定了许多协议和标准。尽管如此,为了非周期数据的传输,这些被列入标准的 RTE 技术方案在访问控制层保留了 CSMA/CD 协议,这无疑会导致非周期数据发生冲突时,其冲突产生的排队延时具有很大不确定性。可见,实时以太网仍有很大改进空间,其改进程度对网络控制系统的通信性能具有十分重要的意义。

由于目前大部分 NCS 是可维修系统,而非定期报废系统[6]。因此对 NCS 系统以及系统中的各个设备进行科学、系统的维护维修,保障 NCS 安全、稳定地运行,延长 NCS 工作寿命,对保证企业安全生产,降低维护成本,提高运营效益都非常重要。随着仪器仪表技术发展和生产自动化程度的提高,NCS 设备正向复杂、成套、自控和机电一体化的方向发展。生产自动化程度越高,设备越复杂,生产对维护维修的依赖就越大。在现代化生产企业中,其大型复杂的控制系统在运行过程中,系统中的设备难免会出现故障甚至失效。当设备失效时,不仅会因停产造成经济损失,而且会危及整个生产控制系统、周围环境甚至人身安全。因此为了避免设备失效或使失效设备快速恢复到正常工作状态,减少不必要的损失,需要对设备进行维护维修。可见,维护与维修已不仅仅是一个辅助手段,而成为生产力的一个重要组成部分,对发展企业生产力和创造经济效益都至关重要。除了生产制造设备需要维修以外,其他领域如尖端的航空航天系统、电子导航系统及武器系统更是离不开维护维修。

维修工程作为系统工程的一个重要分支,在过去的几十年里得到了迅猛的发展。纵观维修发展史可见,20 世纪 50 年代以前的仪器仪表、控制系统都非常简单和基本,当这些设备和系统出现故障后,对其进行的维修基本上是靠现场操作人员或工程师们凭借经验和直观判断来诊断故障并对其进行修理。因此当时的维修只能算是一门技艺,并没有形成科学、系统的理论体系。第二次世界大战期间,许多复杂系统,如航天系统、电子系统、雷达侦察系统、通信系统以及武器系统都暴露出低可靠性、低稳定性。二战结束后,可靠性理论才真正开始受到重视,与之伴随的维修理论也迅速发展[7]。50 年代以后,随着生产力的发展,各类设备向着大型、复杂的方向发展。在实际运行中,为了保持设备在设计中原有的可靠性和稳定性,维修理论与工程已成为系统工程的一个重要分支。随着科学技术的不断发展,现代维修理论已经由过去被动的失效后再维修发展成主动的预防维修——维护。通过维护,可使系统或者设备的安全性、稳定性更高,运行寿命更长,投入成本更低,收益效益更高,且无环境污染。可见,维护与维修不仅对系统及设备的可靠性、稳定性具有十分重要的意义,而且对生产力的发展和国民经济的腾飞都有很大的促进作用。

综上所述,工业以太网的实时通信技术和设备的维护维修技术是 NCS 中的两个关键技术。实时通信技术能够保证网络控制系统数据传输的低时延,实现高精度控制。维护维修技术能够保证网络控制系统的可靠性和稳定性,延长系统寿命,降低投入成本。因此,研究以上两种技术对 NCS 具有十分重要的意义。

1.2 工业网络技术发展概况

20 世纪 80 年代中期,现场总线技术在欧洲应运而生,现场总线的出现符合当时企业自动化的要求,因此得到迅速发展。当时,现场总线被誉为是自动控制领域的一次变革[8,9]。之所以有这么高的评价,是因为现场总线的出现使当时的控制系统结构发生了根本性的改变。然而随着企业对综合自动化的要求越来越高,现场总线技术在一些高端装备制造业领域已不能满足其要求。原因在于现场总线的响应时间只能做到 $5 \sim 10$ ms[10,11]。随着技术的不断发展,到 20 世纪 90 年代中期,以太网技术飞速发展,开始进入了工业控制领域,成为工业以太网。2000 以后,5G 技术的诞生年给工业数据实时采集能力带来了新的活力。5G技术作为一种无须电缆直连的移动通信技术,具有高速率、低延时、广连接的特点。工信部于 2022 年 9 月印发的《5G 全连接工厂建设指南》,支持企业加快各类"哑设备"、单机系统等网络化改造,在安全可控条件下,提升工业数据实时采集能力;对具有移动部署、灵活作业、远程操控等需求的设备,提倡使用带有 5G 功能的芯片、模组、传感器等进行改造,加快 5G 与 PLC,DCS 等工业控制系统融合。

从通信技术发展上看,工业网络经历了风靡一时的现场总线技术,发展到实时以太网技术,直至今日的 5G 移动技术,使得"万物互联"成为可能。可见,现在总线、实时以太网、和移动通信技术在工业网络中均有一席之地。

1.2.1 现场总线技术现状

现场总线是一种应用于生产现场,在现场设备之间、现场设备与控制装置之间进行双向、串行、多节点、数字式的数据交换通信技术。从广义上讲,是控制系统与现场检测仪表、执行装置进行双向数字通信的串行总线通信系统,广泛应用于工业控制领域。随着工业通信和控制技术的迅速发展,特别是工业 4.0 的推进,基于调度的现场总线凭借其确定性通信、可预测的延迟和实时特性等优势,在工业领域中找到了更加重要的应用。现场测量和控制作是工业 4.0 的基础层面和不可或缺的两个部分,用于数据采集和控制执行。现场总线技术在应用领域一直扮演着重要角色。WorldFIP 和 Profibus 现场总线是这类现场总线的典型实例,它们在过程控制,特别是在石油、化工和电力相关行业中因其全数字化传输、现场控制和分布式架构等优势而得到广泛应用。现场总线技术具有以下几个方面的特点[16-23]:

(1)开放性:现场总线致力于建立统一的底层网络开放系统,用户可根据现场环境和实际需要,通过现场总线将控制器、仪器仪表和智能设备挂接到统一的开放系统平台上。

(2)互操作性:现场总线可以实现不同厂商设备的互联与互换,及不同系统间的信息传递和共享,可以对不同设备统一组态构成现场环境需要的最优控制回路。

(3)模块化与分散性:现场总线构成的控制系统采用的是全分散式的体系结构,将传统的集散控制系统的功能模块化地分散到现场中的各个控制设备及智能仪表中,从而使系统设计简单,易于重构,提高了系统的灵活性、安全性和稳定性。

(4)适应性:现在总线支持各种通信介质,如双绞线、同轴电缆、网线、无线、红外线和光纤,具有较强的抗干扰能力。

(5)安全性:能够实现通信线对弱电设备供电,可满足本质安全防爆要求。

(6)节约投入成本:现场总线系统中的智能设备具有传感、测量、计算、控制、监控和报警功能,因而系统中不再需要单独的计算单元、调节器、信号调理、转换及隔离等功能单元。另外从接线角度看,现场总线系统的接线简单、易于操作,一条通信介质上,如双绞线或同轴电缆,即可挂接多个设备,因而端子、线槽、网络中继器等数量可相应缩减。接线设计和接头校对工作量也随之减少。从而大大节省了硬件投入和人工成本。

流行的现场总线技术有 WorldFIP[24]、Profibus[25]、P-Net[26]、Interbus[27]、AS-Interface[28]、SERCOS[29]、LonWorks[30]、MVB[31]、MIL-STD-1553[32]、DeviceNet[33]、SDS[34] 以及 CAN[35]。其中一些出台后还被收入国家标准,如法国的 WorldFIP 标准和德国的 Profibus 标准。

WorldFIP 是欧洲标准 EN50170 标准之一,被列为 EN50170-3[24],是在法国标准基础上发展起来的,由 OSI 七层网络层次中的物理层、数据链路层和应用层三层构成。目前 WorldFIP 已被国家标准化组织收录为 IEC61158 type 7 标准。WorldFIP 的特点是为能够为所有的过程自动化、制造自动化控制提供带有一个物理层的单一现场总线[36]。底层控制系统和驱动系统都可直接连到控制一级的 WorldFIP 总线上,无须采用将 RS-485 和其他低速总线相混合的方式来接连底层设备以实现同样的功能。WordFIP 现场总线上通信信息分为两种,一种是控制信息,如采样信息、控制指令信息和变量交换与共享信息;另一种为非控制信息,如视频语音信息,人机交互信息和诊断信息。其中控制信息是周期性实时信息,而非控制信息是非周期随机信息。两种信息在一条总线上通信互不影响,且两种信息在总线上的容量比例可由用户配置决定。WorldFIP 现场总线应用广泛,在电力、石化、机械制造、航空航天、楼宇建筑和食品工业等领域都有典型应用。在我国一些大型系统工程中也有其应用,如上海地铁、岭奥核电站、军粮城电厂[36]等。

在改善 WorldFIP 通信性能,提高通信实时性方面,学者们主要研究工作是改进通信调度算法和设计总线仲裁表(Bus Arbitrator Table,BAT)[37]。通信调度算法主要研究周期数据和非周期数据的调度。如:Luís Almeida[38] 提出了基于响应时间的 WorldFIP 实时通信稳定调度方法,该方法利用确定性优先级调度策略对周期数据报文进行调度。Zhi Wang[39] 研究了 WorldFIP 的非周期数据报文的通信实时性,通过改善非周期数据报文最长响应时间来提高其通信实时性。Liang G. 等人[40] 研究了 WorldFIP 现场总线中时间表的通信抖动问题,提出了一种基于数值互质方法构建时间表的算法,该算法通过引入处理时间表示等级的概念改善了通信抖动的性能。Tianran Wang[41] 等人研究了 WorldFIP 和 FF 两种现场总线的周期数据报文通信调度方法对控制系统的影响。Amphawan 等人[42] 分析了基于 FF 的前馈控制替代方案的大循环调度[21]。Sridevi G 等人[22] 研究了在工业通信中应用的一些有效协议。Thepmanee[23] 调查了将 HART 和 FF H1 设备集成到工业分布式控制系统中的情况。Liang Geng[42] 等人将功能块(function blocks,FB)的一些研究成果应用到 WorldFIP 网络中,提高了 WorldFIP 网络的通信性能。除此之外,Liang Geng[43] 等人还针对 WorldFIP 现场总线提出了两种数据交互方法,方法一的主要思想是在单一数据交互和最大通信周期下对网络通信性能进行分析,用变量交换和给定长度的前向链路活动调度器(Link Activity Scheduler,LAS)来实现数据交互,方法二通过 WorldFIP 的周期数据报文直接实现数据交互。通过设计 BAT 来提高 WorldFIP 实时性方面,Song J. 等人[45] 对轨道交通中的三种常见现场总线:TCN(列车通信网络)、WorldFIP 总线和 LonWorks 总线进行了比较,分析了三种总线协议的各自的优缺点。Zhou Yue[45] 等人针对 WorldFIP 的 MAC 子层,对使用总线仲裁器的集中式介质访问协议(centralized medium access protocol),用确定和随机两种类型的 Petri 网对其建模并分析了两种模型下的该协议通信性能。Zhai Weixiang[46] 等人根据 WorldFIP 总线的体系结构,设计了基于 ARM9 和 VxWorks 平台的快速以太网接口,在总线仲裁驱动器上使用静态的 UML 结构实现对 FIP 设备的管理。

与 WorldFIP 相比,Profibus 是一种用于工厂自动化车间级监控和现场设备层数据通信与控制的现场总线技术[47]。可实现现场设备层到车间级监控的分散式数字控制和现场通信网络。Profibus 已广泛适用于制造业自动化、流程工业自动化和楼宇、交通电力等领域。

Profibus 现场总线同样遵循开放系统互联标准模型,定义了七成网络模型中的三层,即物理层、数据链路层和应用层。其中物理层采用差分电压输出的 RS485 实现电流连接,数据的编码方式采用不归零码;数据链路层主要向应用层提供四种服务,即需要相应的数据传输服务 SDA、无须响应的数据传输服务 SDN、需回答和请求的数据传输服务 SRD 及需回答的循环数据传输和请求服务 CSRD。在数据链路层,其介质存取方式有两种,令牌总线方式和主从方式[48]。主站间数据传输采用令牌总线方式,令牌在总线上的各主站间传递,持有令牌的主站获得总线控制权,该主站依照关系表与从站或其他主站进行通信。主站与从站之间的周期性数据传输采用主从方式,主站向从站发送或索取信息。应用层向用户提供了可广泛选用的强有力的通信服务。

在分析和提高 Profibus 网络实时性方面,专家学者们同样做了许多工作。Eduardo Tovar 和 Francisco Vasques[49]研究 Profibus 总线的时间令牌协议,并针对该协议,提出了两种保证 Profibus 实时通信的方法,方法 1 是无约束的低优先级通信方法,该方法有效地提高了紧延时系统(tighter deadline system)的通信实时性。方法 2 是带约束的低优先级通信方法,该方法提高了非实时通信的网络吞吐量。Salvatore Cavalieri 等人[50]对采用 Profibus-DP 网络的多服务节点系统的通信实时性进行分析,主要分析了在保证实时通信的约束条件下的最长响应时间,并给出了相应的定理。M. M. Macros[51]等人将已有的通信调度算法和时间响应分析方法应用到采用 Profibus 网络的分布式系统中,设计了针对该系统实时性分析的测试平台。在该平台下,对已有的通信算法进行了仿真测试。Vadi S. 等人[52]使用 Profibus 现场总线,通过 TIA 程序对感应电机参数进行了控制和监控,该程序用于对所有 Siemens PLCs(可编程逻辑控制器)进行编程。从而解决了电缆和电子卡混乱的问题。

Lee Hong-Hee[52]等人针对 Profibus 和 CAN 总线之间如何进行互联互通的问题,设计了 Profibus 和 CAN 两种网络通信的网关,该网关能够保证两种网络数据格式转换和传输的实时性。Ru Feng 和 Xue Junyi[53]提出了基于 Profibus 数据链路层的随机 Petri 网模型,该 Petri 网很好地刻画了 Profibus 通信的实时性。Guo DY 等人[54]针对烟草智能生产线中丝质与温度控制精度低、数据传输速度慢、响应时间长等问题,设计了多指标检测系统,根据 Profibus 现场总线技术的特点,结合 Profibus 传输技术,以 Profibus-DP 为交换模式构建了工厂级信息网络。

1.2.2 实时以太网技术现状

数字化转型代表了工业领域最重要的创新之一。RTE 技术在数字通信领域实现了突破,因为它将信息技术和资源引入了工业应用领域。特别是,基于 IEEE 802.3 的工业通信标准的引入使得 RTE 具有诸多优势,如高带宽、硬实时和低成本。如今,RTE 技术已普遍应用于工厂自动化、过程控制和产品制造领域,已逐渐成为大多数工业领域的通信框架。另外,工业 4.0 的提出也推动了 RTE 技术的发展[55]。事实上,截至 2021 年 RTE 技术在全球工业市场领域的应用已达到 64%。

从性能指标角度看,RTE 技术必须满足如下指标:交付时间、端节点数、网络拓扑结构、RTE 吞吐量、非 RTE 带宽、时间同步精度和冗余恢复时间等。实际上,全球工业领域中的 RTE 技术和应用框架不尽相同。各大公司和组织都有自己的 RTE 技术解决方案。这些方案都能做到与标准以太网的无缝连接,且满足上述 RTE 性能指标,但是实现方法各不相同。随着现场总线技术的扩展,IEC61158 扩充了总线协议标准并将实时以太网标准囊括其中,在第四版的标准中,一共收录并出台了 20 种现场总线和实时以太网标准。如表 1-1 所示。

表 1-1 IEC61158 Ed. 4 现场总线和实时以太网标准

类型	技术名称	支持组织	所属分类	CPF
Type 1	TS61158	IEC	现场总线	CPF1
Type 2	CIP	CI、ODVA Rockwell(美国)	DeviceNet 与 ControlNet 为现场总线、Ethernet/IP 为实时以太网	CPF2
Type 3	Profibus	PI、Simens(德国)	现场总线	CPF3
Type 4	P-Net	Process Data(丹麦)	现场总线	CPF4
Type 5	FF HSE	FF Fisher-Rosemount(美国)	高速以太网	CPF1
Type 6	Swift Net	SHIP STAR、Boeing(美国)	已被撤销	CPF7
Type 7	WorldFIP	WorldFIP、Alstom(法国)	现场总线	CPF5
Type 8	INTERBUS	INTERBUS club、Pheonix contact(德国)	现场总线	CPF6
Type 9	FF H1	FF(美国)	现场总线	CPF1
Type 10	PROFINET	PI、Siemens(德国)	实时以太网	CPF3
Type 11	TCNet	Toshiba(日本)	实时以太网	CPF11
Type 12	EtherCAT	ETC、Beckhoff(德国)	实时以太网	CPF12
Type 13	Ethernet PowerLink	EPSG、B&R(奥地利)	实时以太网	CPF13
Type 14	EPA	浙大中控公司等(中国)	实时以太网	CPF14
Type 15	Modbus RTPS	Modbus、IDA(美国)	实时以太网	CPF15
Type 16	SERCOS Ⅰ、Ⅱ	IGS(德国)	现场总线	CPF16
Type 17	VNET/IP	Yokogawa(日本)	实时以太网	CPF10
Type 18	CC_Link	三菱(日本)	现场总线	CPF8
Type 19	SERCOSⅢ	IGS(德国)	实时以太网	CPF16
Type 20	HART	HART 通信基金协会(美国)	现场总线	CPF9

其中,EPA 实时以太网是我国唯一一个被国际标准化组织收录的工业控制标准,被列为 IEC61158 Type14[58]。EPA 全称 Ethernet for Plant Automation,在国家标准化管理委员会、全国工业过程测量与控制标准化技术委员会的支持下,在国家高技术研究发展计划("863 计划")重点课题"基于高速以太网技术的现场总线控制设备"的支撑下,由浙江大学、浙大中控、清华大学、大连理工大学和中国科学院沈阳自动化研究所等单位联合攻关,经过多年的努力并最终推出了《用于工业测量与控制系统的 EPA 系统结构和通信规范》(GB/T 20171—2006)[59]。

EPA 实时以太网标准针对现代工业通信网络的特点,融合了 Ethernet、TCP/IP 等多种计算机网络的主流技术,并对其进行扩展和延伸。将企业管理层、过程监控层等工业企业自动化系统广泛应用的以太网技术直接应用于现场设备间的通信,建立应用于工业生产领域中设备间通信的开放网络通信平台,实现不同网络层次的信息无缝集成。

EPA 通信系统在工业自动化领域已取得了一定的应用和推广,主要得益于它能够保证工业现场设备之间通信的实时性。近年来关于 EPA 一致性、实时性和应用问题,受到越来越多的关注,对其进行的研究也越来越深入[60-77]。

在 EPA 一致性测试方面,易明华[60]提出了 EPA 协议一致性测试方法,设计了测试的系统结构,搭建了测试平台。将 EPA 一致性测试内容分为服务测试、对象属性测试、状态机测试、时间同步测试、确定性调度测试等五类,用树表描述方法形成抽象测试集,并对五类测试内容提出了相应的测试方法;用 XML 描述语言实现了测试一致性说明文件,对协议一致性内容进行了静态测试;根据 IEC9646 标准,设计了 EPA 测试一致性的系统结构,并结合实际需要提出了一致性测试平台。最后开发了 EPA 一致性测试平台,对实际的 EPA 设备进行了测试,验证了设备是否符合 EPA 标准。王恒[61]研究了应用层和数据链路层协议栈的结构和工作原理,在研究应用层协议栈时,用面向对象思想实现了管理信息库类、套接字映射实体类、系统管理实体类以及应用访问实体类;在研究链路层协议栈时,用软件/硬件定时器的方式实现了周期报文的定时发送和优先缓存。在此基础上,根据一致性测试原理,组建了一致性测试平台,并对实现的 EPA 应用层和链路层协议栈进行了一致性测试,验证了所实现的通信协议栈符合 EPA 标准。

在 EPA 实时性研究方面,刘宁[62]等人分析了制约 EPA 通信实时性的关键因素,建立了 EPA 通信实时性的系统模型,提出了实时性测试的方法,推导了 EPA 网络中负荷产生的原因,给出了七个实时性测试指标。在此基础上,又提出了一种根据网络负荷的变动自适应地调整数据发送时间片的策略 EPA_TSSA(EPA Time Slice Self-adaptive Adjustment),和一种 EPA 网络控制系统中控制与通信协同调度的 EPA_CLCS(EPA Cross Layer Cooperative Scheduling)方法。两种方法都切实地提高了 EPA 网络通信的实时性,田丽[63]等人分析了 EPA 系统的实时特性,讨论了 EPA 实时通信调度方法,研究了在网络节点数、交换机级联数和网络带宽一定的情况下,网络吞吐量、时钟同步精度、非实时通信带宽等性能指标,开发了 EPA 系统实时性测试平台,测试了 EPA 通信的实时性能指标,验证了 EPA 作为工业通信网络的高实时性和高可靠性。赵伟[64]等人研究了 EPA 通信网络数据链路层的确定性调度实体,提出了通过在被测试对象上增加实时性测试代理,由上位机测试软件和辅助测试设备配合得到实时性相关指标的方法,最后以网络吞吐量为例,验证了 EPA 系统的高实时性。姜秀柱[65]等人在煤矿工业特定的环境下,针对该环境下网络结构变化、节点出现故障、节点增减变化或节点受干扰信息频繁等特点,提出了 EPA 微网段自适应实时调度算法 MEPA_SaSiS。该方法能根据节点有无信息传输和实际信息传输时间动态分配时隙。保证 EPA 实时性的同时,也提高 EPA 通信的稳定性。在 MEPA_SaSiS 的基础上,又结合协同优先级分配的思想,通过对 EPA 不同微网段间数据传输过滤规则的改进,提出了根据跨网传输延迟变化和不同微网络基差波动自动调整周期数据发送时刻的自适应实时调度算法 MEPA_SaSaS。两种算法都有效地提高了煤炭工业控制网络的实时性、确定性和稳定性。为了进一步提高 EPA 网络的实时性,Lu[66]等人提出了 EPA-FRT(EPA-Fast Real Time)方法。在该方法中,通过重新定义 EPA 网络数据帧的格式来降低宏周期的最小值,并通过优化同步过程来获得更高的同步精度。将该方法应用到多网段 EPA 的拓扑结构中能够有效地提高网络带宽利用率、降低协议的过度开销。因此该方法在多网段大规模网络控制系统中能体现出优势。

在 EPA 应用研究方面,段新[67]等人针对传统船舶数据传输网络效率低的问题,首次将 EPA 通信网络取代到原有船舶数据传输网络,并将 EPA-100 控制系统应用在船舶自动化监控系统中。王彦邦[68]等人将 EPA 通信网络应用到压力变送器的系统设计中,并开发了

EPA 通信卡。王文亮[69]等人开发并实现了以 EPA 总线协议为基础的电动执行器。姜秀柱[65]等人针对煤矿工业的特点,将 EPA 网络应用到了煤矿工业网络中,并研究了在该环境下的实时调度算法。张宝坤[70]等针对人基于北斗卫星导航系统授时功能的高精度北斗同步时钟和实时以太网 EPA 通信接口,提出了配电线路综合保护方案。

可见在我国具有自主知识产权的 EPA 实时以太网的研究中,为了完善 EPA 网络的功能,提高 EPA 网络的实时性、稳定性和一致性,扩展 EPA 网络的应用领域和范围。学者们都提出了各自的改进方法和解决方案。这些方法和方案对 EPA 网络的推广起到了积极的作用。

从工业通信网络的发展上看,实时以太网是现场总线的进一步延伸,网络传输的实时性比现场总线优越,在技术上也日趋成熟。但就目前而言,实时以太网全面取代现场总线还存在一些问题。基于工业实时以太网的全新控制系统体系结构需要进一步深入研究,基于工业实时以太网的系列产品还未形成主导,需要继续开发。因此,未来一段时间内,现场总线与实时以太网共存的局面将持续存在[71]。

1.3 维护维修技术发展概况

设备是现代生产制造企业的主要生产工具,是企业节约成本、提高生产率的重要手段。随着机械制造技术、微电子技术的发展,现代设备具有集成度高、结构复杂、系统性强等特点。在设备的运行中,由于老化、磨损甚至人为因素,难免出现故障。故障一旦发生,不但会因停产而对企业造成经济损失,而且会危及设备、环境,甚至人身安全。如 1988 年英国阿尔法石油气爆炸事故;1986 年瑞士化工污染事故等都是设备故障造成的巨大恶性事故。国内,1955 年,山西某电厂一台 20 万千瓦汽轮发电机组损坏,直接损失达千万元[72]。可见,任何设备的正常运行和保持良好的运行状态都离不开维护维修,即使是高尖端设备或系统,如航天设备和武器系统,同样离不开维护维修。可见维护维修是生产制造企业的重要组成部分,对企业具有非常重要的意义,可以作为企业投资的一种方式,也可以作为售后服务的一个手段[73]。

20 世纪 50 年代以前,维护维修只能看作是一门技艺。因为当时生产力水平发展有限,设备相对简单,一旦发生故障,维修人员凭借自身的经验和直观的判断来对设备进行检测,排除故障[74]。所以当时的维护维修由于缺乏系统的,科学的理论体系,只能看成是一种技艺。

随着科学技术的发展,尤其是第二次世界大战结束后,人们开始意识到军事设备的复杂性和稳定性、安全性之间存在着尖锐的矛盾。设备的高复杂程度严重影响了稳定性和安全性。50 年代后,设备稳定性理论,安全性理论和维护维修理论作为紧密相连的新兴研究领域得到迅速发展,它们的应用已由军事领域发展到国民经济的诸多领域中。到目前为止,已经形成科学的、系统的现代理论体系。根据相关文献,给出维护维修描述性定义[75-76]:

(1)维修。是指通过对失效后的设备、机器或系统进行检测,隔离和修复使得它们能够恢复到能够接受的运行状态。维修按照被修对象能否及时得到维修又被细分为立即维修和延迟维修,立即维修是指被维修对象失效后,立即对其进行修理。延迟维修是指被维修对象失效后,由于重要程度不高,或者维修人员未能及时赶到现场,需要一段时间后才能对其维修。

（2）维护，又称预防性维修。是指针对一些不允许失效的设备，或者一旦失效会产生灾难性后果的设备，为了防止其失效，需要预先对其维护，确保设备的稳定性和安全性。维护又分为两种，基于时间的维护（time-based maintenance，TBM）和基于条件的维护（condition-based maintenance，CBM）。TBM是指按照预先设定好的时间间隔，即周期性地对设备进行维护。CBM是指通过工具对设备进行检测或监控，发现潜在的问题，并对有问题的部分进行及时维护。

在 TBM 中，维修决策的确定（如最佳维修周期的确定）主要基于失效时间分析，即设备的寿命期望值是通过对失效时间数据进行评估确定的。因此，TBM策略通常认为设备的失效特性是可预测的。

TBM策略由两个基本过程构成：① 对失效时间数据进行分析并建立相应的数学模型。② 根据建立的数学模型，制定具体的维修策略。第一个过程是分析和建模过程，该过程主要目的是将收集到的一系列失效数据用统计分析方法确定设备的失效特征。其细节如图1-3 所示。

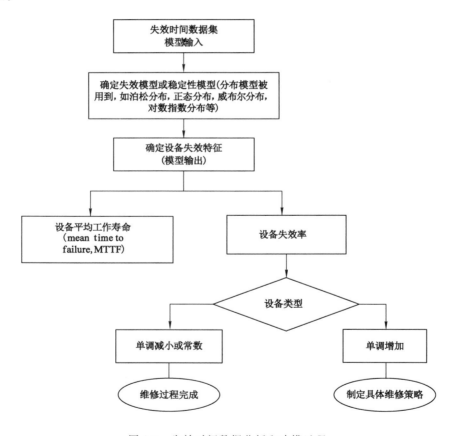

图 1-3　失效时间数据分析和建模过程

当设备失效时间数据集收集完成，需要对这些数据进一步分析，通过统计模型或稳定性模型确定设备的失效特征，包括估计设备的平均工作时间及在浴盆曲线三个阶段设备失效率的单调性等。系统的统计模型可以用统计分析工具描述。

使用最普遍的统计分析工具是稳定性理论中常用的威布尔分布模型[77],威布尔分布可以利用概率纸很容易地推断出它的分布参数,因此该分布已经广泛应用于对各种物理设备的失效特征进行建模,尤其适用于机电类设备的磨损累计失效的分布形式。威布尔分布有二参数型和三参数型。二参数的威布尔分布主要用于机电类设备和滚动轴承的寿命试验以及高应力水平下的材料疲劳试验。三参数的威布尔分布用于低应力水平的材料和零件的寿命试验。普遍认为,威布尔分布比对数正态分布具有更大的实用性。二参数型威布尔定义如下:

$$F(t) = \begin{cases} 0 & t < 0 \\ 1 - e^{-(\frac{t}{\theta})^{\beta}} & t \geqslant 0 \end{cases}$$

其中 θ 是尺度参数;β 是形状参数。尺度参数反映的是设备的寿命特性,而形状参数反映的是设备的失效率特性。形状参数有以下三种类型:

① $\beta < 1$,表示失效率单调减少。

② $\beta = 1$,表示失效率恒定不变。

③ $\beta > 1$,表示失效率单调增加。

在威布尔分布模型下,设备或系统的平均工作寿命(mean time to failure,MTTF)为:

$$\text{MTTF} = \frac{1}{\theta} \cdot \Gamma\left(1 + \frac{1}{\beta}\right)$$

其中,$\Gamma(x)$ 是 gamma 函数。

当设备或系统的失效率单调增加时,TBM 维修策略会进入第二个过程,即制定具体维修策略的过程。该过程的目标是确定具体的优化维修策略,使系统的稳定性和安全性最高,或者使系统的维修成本最低。一般有两个优化思路:一个是以系统的维修费用为约束条件,使系统的稳定性或安全性最高;另一个是以系统的稳定性或安全性为约束条件,使系统的维修费用最低[78]。

维修策略(见图 1-4)确定过程主要有两个评价过程,第一个评价过程是对设备运行成本进行评价,其目的是计算两类运行成本:设备失效成本和维修成本。第二个评价过程是对设备特征进行评价,其目的是确定设备的结构类型是否为可维修类型。

当设备的结构类型和维修类型确定后,相应的维修策略也随之确定。对于不可维修的设备,主要采用更换策略。一种典型的更换策略是基于设备寿命的更换策略,这种策略的思想是预先设定一个更换时间 T,设备运行时间达到 T 后,无论设备是否失效,都用一个新的设备替换该设备。该思想最早是 Barlow 和 Hunter[79] 在 1960 年提出的,当时只给出了一个基本的 ARM(age replacement model)数学模型。后来,Handlarski、Aven 和 Jensen 等人也对该模型进行了深入研究。对于可维修设备,可以采用相应的维修策略,按照修复的程度,维修策略主要分为:最小维修策略、不完全维修策略和完全维修策略。

在更换策略上,学者们做了大量的研究工作。Das 和 Acharya[80] 对单设备构成的系统进行了研究,并提出了一种改进的 ARM 策略,该策略能很好地应用到过程制造工厂的设备维修中。Nakagawa[81] 等人研究了并行结构的多设备复杂系统,给出了按照时间进行更换的策略,优化了系统中需要更换的设备数量和更换的时间。Durango-Cohen[82] 等人同样研究了并行结构的系统,提出了一种基于随机理论的优化策略,该策略对维修成本进行了优化。对于串行结构的系统,Maillart、Fang、Laggoune、Chateauneuf、Aissani、Scarf 和

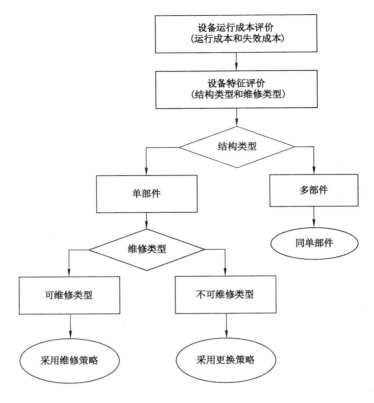

图 1-4　维修策略的确定

Cavalcante 等人进行了研究[83-87]。Maillart 和 Fang[83]研究了多设备串行系统,将 ARM 应用其中,以系统的维修预算为约束条件,优化了设备的替换时间。Laggoune,Chateauneuf 和 Aissani[84,85]对于可随机失效的多设备串行系统给出了一种优化更换策略,该策略优化了单位时间内的维修费用,使其最小。Scarf 和 Cavalcante[86,87]针对多设备串行系统,提出了将检测和成批更换结合起来的混合更换模型。Wu[88]等人考虑了多状态系统的更换问题,该系统中的设备符合 Possion 失效过程,且当前系统状态阈值和系统剩余寿命阈值可由两个参数控制,在此基础上优化了最优替换时间。Hartman 和 Ban[89]讨论了串联并联混合的多设备系统的更换问题,针对设备的购买、使用、更换等各个阶段在有限域上用动态规划和整数规划对其进行了优化研究。

在实际的现场环境中,设备或系统可能会受到各种各样的不利影响,比如震动或人为损坏,这使得更换问题变得更加复杂。尽管如此,基于时间的维修策略中,考虑震动因素的更换策略也受到学者们的重视。Satow[90]等人针对单一设备可能遭受震动或随机两种类型的失效,提出一种阻止失效的更换策略,当设备受到震动损害时对设备进行检查,当累积的损坏程度超过一定阈值后,就得将其进行更换。Sheu 和 Griffith[91]给出了当设备受到震动损害后一种可扩展的成批更换的思路。Sheu 和 Chien[92]基于 ARM 模型提出了设备遭到震动损害后的更换策略。该策略中,作者给出了在设备振荡损坏产生的随机失效时间的基础上单位时间内平均更换成本的目标函数。Hsieh[93]针对以状态为中心的可维修系统,提出了一种优化维修策略,该策略中,系统被假设为具有多个工作状态的冗余系统,在考虑了系统的寿命和随机振动损害基础上,给出了系统的最优运行状态。Lai 和 Chen[94] 等人提出了周期性的更换策略用以解决两设备构成的系统更换问题。该策略中考虑了两个设备的失效率互相影响的因素,给出了单位时间内的期望成本表达式。Chien[95] 等人考虑了系统的两种失效类型,一般失效和严重失效,在两种失效都存在的情况下,给出其更换策略。Lai[96] 等人针对单设备系统可能遭受外部震动而失效问题,提出了一种离散的更换策略,该策略中,其外部震动可以是一般的,也可以是严重的震动。根据两种震动对系统的影响,推导了单位时间内系统成本的优化表达式。Rangan[97] 等人研究了系统失效发生的频率,提出了一种"N-Policy"的更换策略,该策略的主要思想是当系统失效 N 次后,整个系统就被更换。

相比更换问题,"修理-更换"混合问题是基于时间的维修策略中另一个关键问题,在工业控制和生产领域有实际的应用背景。学者们对其也进行了大量的研究。Leung[98] 等人用几何方法对变速器进行了研究,提出了一种"修理-更换"混合维修策略。该策略中,作者对 7 种不同类型的变速器,以天为单位,研究它们的维修成本,对每种类型的变速器都给出了每天最小的维修成本。Moustafa[99] 等人针对多状态恶化系统,提出了修理-更换维修策略,该策略中作者优化了长期的期望维修成本率。Dohi[100] 等人研究了由于修理时间有限不可完整修复的系统,提出了基于图论的修理-维修模型,该模型能在无限时间域上使系统的折损成本最小。Sheu[101] 等人将完整维修和不完整维修两种维修手段应用在周期性预防维修策略中,并优化了最优的维护周期。Zequeira 和 Berenguer[102] 将基于不完整维修的周期性预防维修方法应用到可维修和不可维修的两种类型的设备维修中,将提高设备工作性能作为预防维修周期的函数,最后优化了设备的工作性能和维修成本。Wang 和 Pham[103] 针对由 n 个设备构成的串联系统提出了一种维修策略。该策略中假设每个设备都具有随机分布的失效时间和维修时间,且它们的失效互相关,在他们的研究中,系统维修成本模型被建立,该模型下的维修策略优化了系统的稳定性和维修成本。Lai[104] 考虑了在累积修理费用限制的条件下的一种周期更换策略,讨论了"修理-更换"问题。通过所有的修理费用来决定系统是否继续维修还是更换。Aven 和 Castro[105] 在最小"修理-更换"理论中,引入了新的维度,其主要目标是确定最优的计划更换时间,使得期望折扣费用在系统安全性的约束条件下达到最小。Castro[106] 对不完整维修的系统建立模型,该模型假设系统失效有两种方式,可维修的和不可维修的失效,在此基础上,优化了系统被更换前的最佳维修次数。Yeo 和 Yuan[107] 研究了多种不完整维修共同存在的条件下的周期维修模型,该模型中,作者重点研究了两种维修策略,即系统在保修前和保修后的维修。分别给出了两种维修中的最优维修周期。Bartholomew-Biggs[108] 等人研究了"修理-更换"调度策略,该策略中,调度方式会根据选择更换不同"年龄"的设备而不同。Soro[109] 等人针对多状态恶化系统研究了基于最小修理和不完全维修的"修理-更换"问题,提出了一个评价系统可用性、生产率和稳定性的一个问题。

相比 TBM 策略,CBM 策略也是一种非常重要的维修策略。该策略的核心是对设备或系统的状态进行检测,即需要一定类型的传感器或探测器对设备的关键性能指标进行检测并反馈。该策略的优势是可以通过反馈信息决定是否进行维修,以减少不必要的维修活动和相关的维修成本。与 TBM 类似,CBM 策略也由两个关键过程组成:① 设备运行状态检测过程,② 制定具体的维修决策。

第一个过程包括两种类型的检测:在线检测和离线检测。在线检测是指在设备的运行过程中,对设备进行实时检测;离线检测是指当设备停止运行时,再对设备进行检测。通常来讲,在线检测过程是连续的,离线检测过程是周期的。Jardine[110]等人对两种检测存在的问题进行了分析,主要结论是在线的连续检测需要实时地反馈设备运行状态数据,这些数据由于噪声的累加可能导致检测数据与真实数据之间存在较大的偏差,另一方面,需要实时检测类型的传感器,一般价格昂贵,导致检测成本增加。离线的周期检测可能遗漏一些重要的设备运行状态信息,对后续制定维修策略产生一定影响。

Bloch 和 Geitner[111]等人对设备失效前的一些特征进行了论述,称大多数设备在运行状态良好的过程中,检测到的信号较为平稳,在失效前检测到的信号变化剧烈。根据这些特征,一些实用的检测技术被使用。如,震动检测技术[112-114]。该技术适合对旋转设备的检测,如轴承和变速器等设备。震动检测技术对非损坏性的检测十分有效,能够有效地检测到设备的运行特征。通过震动传感器检测设备的损坏和老化程度,从而准确地掌握设备的"健康"程度;声音检测技术[115-119]。该技术主要是对声发射源进行检测,声发射源释放的声音弹性波在结构中传播时能携带大量结构或材料缺陷处的信息,用仪器检测、记录、分析声发射信号,从而对声发射源进行推断。该技术是一种动态无损检测方法,其信号来自缺陷本身,因此,用声音检测技术可以判断缺陷活动性和严重性。与震动检测技术相比,声音检测技术不必要与被检测设备有严格的物理接触。润滑检测技术[120-124]。通过对润滑油的油品进行分析,来检测设备的润滑与磨损状况,预测磨损过程的发展,及时发现设备的故障征兆。该技术主要用于对大型机械设备的检测。

设备的检测技术还包括很多,如电流检测[125,126]、温度检测[127,128]及物理位置检测[129]等等。在对设备进行检测过程的基础上,开始制定具体的维修策略。CBM 策略主要有两类维修策略。基于对当前条件评估(current condition evaluation-based,CCEB)维修策略和基于对未来条件预测的维修(future condition predition-based,FCPB)维修策略。

CCEB 维修策略首先是对当前的设备运行状态和条件进行评估,之后根据评估结果,如果需要维修,则采用相应的维修策略。该策略的制定过程如图 1-5 所示。当设备运行状态的数据采集完毕,通过这些数据对当前设备的状况进行评估,将评估结果与预先设定的失效阈值进行比较,如果评估结果超过了阈值,则设备需要被维修。否则认为设备是良好的,可以继续运行。在多数情况下,这种策略的检测过程是周期性的检测。

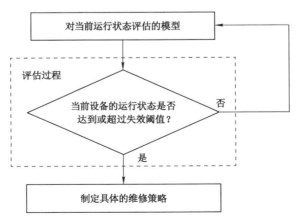

图 1-5　CCEB 维修策略的典型框架

FCPB 维修策略是另一种基于条件的维修策略,该策略主要是通过设备的当前运行状态预测未来状态趋势的一种方法。该策略的制定过程如图 1-6 所示。

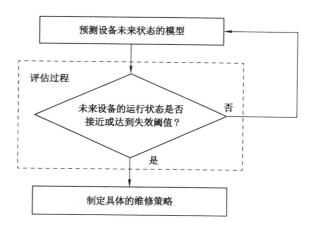

图 1-6　FCPB 维修策略的典型框架

在 FCPB 策略中,设备状态监测过程可以是连续的也可以是周期性的。如果是连续监控,则传感器和数据采集系统也要求是实时连续的。FCPB 策略的原理如图 1-7 所示。

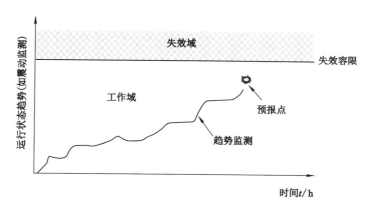

图 1-7　FCPB 策略的基本原理

图 1-7 反映了设备运行状态随着时间的推移逐渐恶化的趋势。其中 x 轴表示设备的运行时间,y 轴表示设备的运行状态。失效容限是设备运行与失效的临界点。如果设备的运行状态达到或超过预报点。则需要采取相应的维修策略对设备进行维修。FCPB 策略中,对设备运行状态趋势预测的时效性和准确性至关重要,为后面采取合适的维修方法提供必要的依据。

在基于条件的维修方面,专家学者们做的具体工作如下,Trutt[130]等人针对电感电机绕组提出了基于电压不匹配技术的条件监测的方法,该方法在电力供应不平衡的条件下,在电机结构存在缺陷的条件下以及电机的负载不可监控的情况下仍表现出很强的抗干扰性,为维持策略的制定提供了有力的支持。Liao[131]等人用线性风险模型和对数回归模型提出了对系统中单个设备剩余寿命的评估方法。Dong[132]等人提出了基于隐 Markov 理论的设备剩余使用寿命(Remaining useful life,RUL)评估方法。Lu[133]等人提出了状态空间和卡尔曼滤波器的 RUL 评估方法。该方法中,根据设备恶化的发展趋势和相关的损失成本,制定了相关的维修方法。Tran[134]等人提出了基于时间序列和回归树技术的 RUL 评估方法。作者通过对设备运行状态实时检测所采集到的数据进行分析,通过分析结果验证了所提方法。Garcia[135]等人提出了一个基于条件维修的智能维修系统,该系统能够通过对设备实时检测后采集的数据进行分析,并通过分析得到一个最佳的维持时间表,按照该表对设备进行维持,可以使设备的经济效益达到最大。Tan 和 Raghavan[136]针对多状态可维修系统提出了一个简单且实用维修模型。在该模型中,首先通过实时检测判断系统的恶化趋势,然后确定系统的可能失效时间,在确定的失效时间之前对系统进行维修。Ambani[137]等人基于连续 Markov 理论和系统的维修成本,提出了系统的维修模型,该模型能够量化多设备系统的维修效果,同时在该模型下给出了优化维修策略。

1.4　本书主要研究内容

NCS 在工业以太网中保留了基于 CSMA/CD 自由竞争的调度方式,使得网络传输延时具有很大的随机性。如何根据数据帧传输的统计特性,设计最优的缓存队列长度并确定最优的数据帧发送速率来提高工业以太网的通信性能,对网络控制系统具有实际意义。另一方面,网络控制系统中的设备或整个系统一旦失效,会产生巨大的经济损失,甚至威胁人身安全。因此为了提高网络控制系统的安全性和稳定性,降低控制系统失效带来的风险,选择合适的维护维修策略对于网络控制系统具有重要意义。

为此,本书针对 NCS 的实时通信问题和维护维修问题进行了深入研究,主要包括:研究了 CSMA/CD 协议下的数据帧传输的不确定性,优化了缓存队列长度和数据帧的发送速率;提高了网络通信效率;研究了冗余控制系统的失效特征,优化了维护周期,延长了系统的工作寿命,提高了系统的安全性;建立了 NCS 的维修模型,优化了系统的维修成本,提高了系统的稳定性。

本书主要内容和结构如下:

第 1 章,绪论。阐述了 NCS 的研究背景和意义,介绍了现场总线和实时以太网两个主流的控制网络技术发展状况,之后又介绍了基于时间和基于条件的两类维持策略的研究现状。最后给出了本书的研究内容。

第 2 章,实时以太网缓存队列长度随机需求模型。以排队理论为基础,深入研究了数据帧在工业以太网缓存队列中的传输过程,建立了基于排队理论的通信损失数学模型,给出目标函数并优化缓存队列的大小,最后通过仿真实验验证了方法的有效性。

第 3 章,实时以太网通信效率优化模型。以 Markov 理论为基础,分析了实时以太网传输状态,给出了任意两种状态下的转移概率,以此建立了基于 Markov 链的平衡状态方程,给出了以数据帧发送成功率最大的目标函数,对数据帧的发送速率进行了优化。切实提高了实时以太网通信性能。

第 4 章,冗余控制系统优化维护方法。以半 Markov 理论为基础,针对冗余控制系统的维护技术,研究了一种基于半 Markov 理论的优化维护方法。该方法有效地刻画了系统的动态特性。通过 Laplace 变换,得到冗余控制系统的平均工作寿命的数学表达式,在此基础上,深入分析了维护周期对系统平均工作寿命的影响,优化了维护周期使系统的工作寿命最长。

第5章,双储备系统冷/温/热储备模型的优化选择研究。针对双贮备冗余控制系统的冷/温/热贮备模型三种模型中的哪种模型是最优配置模型的问题,研究了不同指标下的最优配置模型的选择方法,建立了冷、温、热三种贮备模式的数学模型,分析了系统稳态可用度、维修人员忙期概率、系统稳态平均维修次数等性能指标和单位时间内平均收益的性能指标。给出了三种贮备模式的最优选择算法。对双贮备高可靠网络控制系统的贮备模型配置提供了技术支持。

第6章,基于几何过程的设备相干系统优化维修策略。以系统的生存特征技术为基础,研究了具有复杂结构的多部件相干系统的 $(N,T)^*$ 问题。根据设备故障维修时,维修工人能否及时赶到现场,分别讨论了两个场景下的最优维修策略。建立了基于几何过程和生存特征技术的最优周期维修模型,提出了基于人工鱼群的启发式求解算法,得到了两个场景下具有复杂结果的控制系统的更换次数 N 和维修周期 T 的二元最优解 $(N,T)^*$。

第7章,网络控制系统优化维修模型。研究了网络控制系统的优化维修方法,建立了无优先级维修模型和优先级维修模型。在无优先级维修模型中,指定了系统的转移状态及状态空间,分析了任意两个系统状态之间的转移概率。判定了该系统状态转移过程是生灭过程,在此基础上,利用排队理论及卷积理论分析并得到了控制器的期望失效时间。给出了基于系统损失的优化目标函数;在优先级维修模型中,给出了每类控制器的优先级,分析并得到了虚拟失效时间和实际失效时间的关系,之后计算出了每种优先级的失效控制器的实际失效时间。最后给出了带约束条件的最优化目标函数。

第8章,应用实例。介绍了以大连理工计算机控制工程有限公司的综合监控系统及各个子系统。以此为测试平台,对第2章和第3章的实时以太网通信性能优化模型进行了测试。并以综合监控系统下的冗余控制子系统和网络控制系统为研究对象,给出了第4、5章的优化维护维修方法的计算实例。

第9章,对全书的工作进行了概括。总结了本书的创新点和不足,并对未来的工作进行了展望。

2　实时以太网缓存队列长度随机需求模型

2.1　引言

多数网络在处理数据时,都需要建立并管理缓存队列,用于存储发送和接收的数据。尤其是工业控制网络中的高性能路由器,在网络拥塞模式下,需要临时建立缓存队列来存储大量的数据包,在一个时间戳内,任何一个到达的数据包都会被写入队列中,任何一个发送的数据包都会在队列中被读出。当网络拥塞时,为了提供足够的缓存队列长度,目前被广泛应用的分配缓存队列长度的原则是 buffer sizing rule(BSR)[140,147]。该原则能够满足数据包的平均往返时间(round trip time,RTT)和线率(line rate,LR)[141]。然而一些研究表明,该规则在一些特殊传输的模式下,对缓存队列大小估计过高。实际上在不同的传输模式下,数据包对缓存队列大小的要求大相径庭。

可见缓存队列长度对实时以太网传输效率产生直接影响。针对该问题,本章建立了基于排队论的实时以太网缓存队列长度随机需求模型。模型建立的主要思想是:确定数据帧在 Linux 数据链路层的发送过程及到达缓存队列的分布模型,结合排队论建立相应的排队模型,给出该模型下的基于通信损失的目标函数并对其优化,从而得到最优缓存队列长度。

2.2　排队论

排队论,又称随机服务系统理论,是指通过对服务对象的服务时间和到达间隔时间进行统计研究,得出关于平均等待时间、平均队列长度、忙期长短等的统计规律,再根据这些规律改进服务系统或重新制定服务对象的排队规则,从而使服务系统能够满足服务对象的要求,而且能使排队系统的某些指标最优[148]。其中,服务对象(包括被服务的人、设备或系统等)称为顾客,服务人员或服务机构称为服务台。顾客与服务台共同构成一个排队系统。缺少顾客和服务台任何一个因素都不会构成排队系统。

排队论研究的内容主要包括以下三个方面[150-157]:

(1)排队系统的性态问题。研究各种类型排队系统的表现规律,一个排队系统的长短是随机的,顾客到达的时间间隔也是随机的,服务时间大小也是随机的。研究排队系统的规律主要是研究这三个随机现象的统计规律,包括排队队列长度的分布、顾客到达时间间隔分布和忙期分布。还研究这几种分布的瞬时状态和统计平衡条件下的稳定状态[150]。

(2)排队系统的统计判断。为了掌握一个正在运行的排队系统的规律,需要对该排队系统进行反复观测,收集数据,再用数量统计的方法对数据进行分析处理。根据分析结果判断该排队系统属于哪种类型,从而用相应的理论和方法去分析该系统[151,153-155]。

(3)排队系统的优化问题。排队系统在运行过程中,对于某个规律指标,并非是最优的。为了使排队系统在该指标上达到最优的运行状态,需要对其进行优化,这就是动态优化。要确定一个排队系统,需要预先给出该系统的一些指标和特征,设计人员针对这些指标和特征设计排队系统,使得系统最优,这是静态最优化、设计最优化[152,156,157]。

以上三个方面的研究内容中,排队系统性态问题是核心问题,也是统计判断和最优化的基础。

排队规则是指服务机构是否允许排队,顾客是否愿意排队,有排队情形下服务台按照什么顺序进行服务等一些规则。按照这些规则,主要有以下三种情形的排队系统[158]。

(1)损失制系统。顾客到达服务机构,如果所有服务台都被占用,服务机构不允许顾客等待,顾客只能被迫离去。例如,旅店客满谢客,戏院客满拒绝售票等都属于损失制系统模型。

(2)等待制系统。当顾客到达服务机构,发现所有的服务台都被占用,顾客自动地加入队列尾部等待,等待服务台服务完才离开。例如学生去食堂就餐排队,人们买火车票排队等都属于等待制排队系统。

(3)混合制系统。损失制与等待制混合组成的系统。服务机构允许有限个顾客等待排队,多余的顾客被迫离开,这样的系统就是混合制系统。当顾客看见队列过长,不愿等待便离开,或者顾客等待时间超过某时刻便离开,这样的系统就属于混合制系统。例如,医院挂号排队的病人,当病人等待时间到中午吃饭时还没排到他便离开了,这种情形就是混合制系统。

具有等待性质的排队系统,服务规则主要有以下几种[159]:

(1)先到先服务。即先到达的顾客先接受服务台的服务,这是最常见的服务规则。

(2)后到先服务。即后到达的顾客先接受服务台的服务。例如,仓库里堆放物品,先到的物品一般被放到下面,后到的被放在上面,取货时,后到的即放在上面的先被取出。

(3)随机服务。一个服务结束后,服务台从等待的顾客中随机地选取一个顾客进行服务。早期的电话员就是这种工作方式。

(4)有优先级的服务。在某些排队系统中,有些顾客会受到更多的重视,比其他顾客优先得到服务。例如,在候车室中,孕妇、军人或学生等顾客先进站。

在描述一个排队系统时,为方便起见,至今依然沿用堪道尔(D. G. Kendall)[160]的字母符号表示法。即采用3至5个英文字母表示一个排队系统,字母之间用斜线隔开,第一个字母表示顾客到达时间间隔的时间分布类型;第二个字母表示服务时间的分布类型;第三个字母表示服务台数;第四个字母表示允许排队长度;有时也会用到第五个字母表示顾客源中的顾客数目。例如,$M/M/m/\infty$排队系统表示顾客到达的时间间隔服从负指数分布,即达到流是泊松流;服务时间服从负指数分布;有 m 个服务台;允许的队列长度无限。

排队论是随机优化理论的一个分支[149]。广泛应用于计算机网络通信、生产库存调度、设备维修策略和系统稳定性分析等领域。

2.3　基于排队论的实时以太网缓存队列模型分析

在实时以太网中传输的数据帧从发送节点到接收节点的传输过程中共经历以下几个环节:应用程序产生数据帧后将其层层封装并向下传输,最终发送到网络接口卡(net interface card,NIC)缓存队列中等待发送,当以太网启动一个通信周期后,NIC 缓存队列中的数据帧被发送到以太网介质中传输;经过若干个中间节点(交换机、路由器、网关等)最终到达接收节点。该过程如图 2-1 所示。

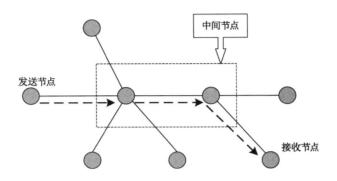

图 2-1　实时以太网传输模型

图 2-1 表明,数据帧在传输过程中的网络延时主要包括以太网介质的传输延时和经过各个中间节点缓存队列时的排队延时。电信号在以太网介质中的传输速度约为光速的 2/3,因此数据帧在以太网介质上的传输延时显得微乎其微。而数据帧在缓存队列中等待发送时,如果在一次传输周期内没能及时发送需要等待下一次传输周期甚至更靠后的传输周期到来时才能发送,就会产生较大的排队延时。因此端到端的网络延时主要体现在数据帧的排队延时上。而产生排队延时的缓存队列包括发送节点缓存队列和数据帧所经过的所有中间节点的缓存队列。实际上,不同物理设备上的缓存队列没有本质区别,都是为避免或减少数据帧丢失而在 NIC 中开辟的存储区。因此可以将不同设备的 NIC 缓存队列作为统一的模型进行分析。实时以太网上挂接的设备,尽管有些运行 Windows 系统,有些运行 Linux 系统,但不同操作系统对数据帧到达数据链路层的封装和缓存的原理大同小异。因此,本章以 Linux 系统为例,对数据帧到达不同设备时在协议栈缓存队列中的发送过程(如图 2-2 所示)进行统一分析。

图 2-2 中,数据帧首先经过入口函数进入链路层,之后由入队函数进入缓存队列。当以太网通信周期到来时,数据帧由出队函数出队后进入物理层入口,函数得以最终发送。以上即为数据帧在 Linux 数据链路层协议栈中的发送过程。从发送过程也可看出,时间延迟主要体现在数据帧进入缓存队列后的排队延时上。因此如何减少排队延时是提高通信性能的关键因素。

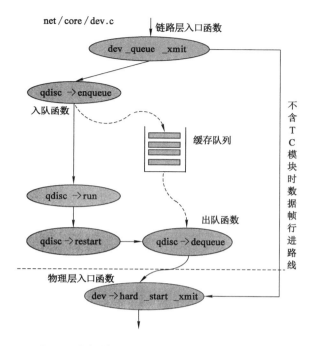

图 2-2　数据帧在 Linux 链路层发送过程示意图

2.4　建立对应的数学模型并优化

对 Linux 在链路层发送数据过程分析的基础上，建立与之对应的数学模型。假设上位机中数据帧发送任务相互独立且发送次数没有限制。则由排队论可知发送数据帧过程服从无限源的泊松分布[161,162]。设单位时间内进入缓存队列的平均数据帧个数（即数据帧的平均到达速率）为 λ，则到达时间间隔服从参数为 λ 的负指数分布，其分布密度函数为：

$$f(t) = \lambda e^{-\lambda t} \tag{2-1}$$

设实时以太网在单位时间内传输数据帧的平均个数（即实时以太网的平均传输速率）为 μ。则传输强度为：

$$\rho = \frac{\lambda}{\mu} \tag{2-2}$$

当数据帧排队长度 L 过大时，以太网处于繁忙期，其负载过大，势必会导致队尾的部分数据帧在一次以太网的传输周期内不能及时传输而丢弃，只能等到下一次传输周期到来时重新申请传输。从而产生较大的排队延时，对系统的性能造成一定的影响。相反，如果数据帧排队长度过小时，以太网处于闲置期，其网络吞吐率降低。因此如何确定适当的缓存队列长度使队列中数据帧都能成功发送且提高以太网的吞吐率是本章研究的核心问题。为了研究问题方便，做出如下假设：

设最佳队列长度为 L_o，当队列长度 $L > L_o$ 时不能及时发送而被丢弃的每个数据帧的损失代价（即权值）为 c_1，当队列长度 $L < L_o$ 时，没有及时到达队列造成以太网闲置的每个数据帧的损失代价为 c_2。第 n 个进入队列的数据帧的概率为 P_n。由排队论中的生灭过程平

稳分布公式可得：

$$P_n = \frac{\sum\limits_{i=0}^{n-1} \lambda_i}{\sum\limits_{j=1}^{n} \mu_j} P_0 = \left(\frac{\lambda}{\mu}\right)^n P_0 = \rho^n P_0 \qquad (2\text{-}3)$$

其中，$P_0 = \left[\sum\limits_{k=0}^{\infty} \left(\frac{\lambda}{\mu}\right)^k\right]^{-1} = 1 - \rho$，所以得：

$$P_n = (1 - \rho)\rho^n \qquad (2\text{-}4)$$

由式（2-4）可知 P_n 服从几何分布，且 $P_i > P_j \ \forall \ i > j$。当以太网处于繁忙期时，不能成功传输而被丢弃的平均数据帧数记为 N_d，则：

$$
\begin{aligned}
N_d &= \sum_{n=L_o}^{\infty} (n - L_o) P_n \\
&= \sum_{n=L_o}^{\infty} n(1-\rho)\rho^n - L_0 \sum_{n=L_o}^{\infty} (1-\rho)\rho^n \\
&= \sum_{n=L_o}^{\infty} n(1-\rho)\rho^n - L_0 \rho^{L_o} \qquad (2\text{-}5)
\end{aligned}
$$

当以太网处于闲置期时，没有进入队列而不能及时传输的平均数据帧数记为 N_p，则：

$$
\begin{aligned}
N_p &= \sum_{n=0}^{L_o} (L_o - n) P_n \\
&= L_o \sum_{n=0}^{L_o-1} (1-\rho)\rho^n - \sum_{n=0}^{L_o-1} n(1-\rho)\rho^n \\
&= L_o(1 - \rho^{L_o}) - \sum_{n=0}^{\infty} n(1-\rho)\rho^n + \sum_{n=L_o}^{\infty} n(1-\rho)\rho^n \\
&= L_o(1 - \rho^{L_o}) - \frac{\rho}{1-\rho} + \sum_{n=L_o}^{\infty} n(1-\rho)\rho^n \qquad (2\text{-}6)
\end{aligned}
$$

由于以太网繁忙与闲置都会给系统带来一定的损失，因此在一次传输周期中，兼顾这两方面的因素，将通信损失代价记为：

$$F(L_o) = c_1 N_d + c_2 N_p \qquad (2\text{-}7)$$

将式（2-7）作为目标函数。确定该目标函数取最小值时对应 L_o 的值，即损失代价最小时的最佳队列长度。推导式（2-7）：

$$
\begin{aligned}
F(L_o) &= c_1 N_d + c_2 N_p \\
&= c_1 \left[\sum_{n=L_o}^{\infty} n(1-\rho)\rho^n - L_o \rho^{L_o}\right] + c_2 \left[L_o(1-\rho^{L_o}) - \frac{\rho}{1-\rho} + \sum_{n=L_o}^{\infty} n(1-\rho)\rho^n\right] \\
&= (c_1 + c_2) \sum_{n=L_o}^{\infty} n(1-\rho)\rho^n - c_1 L_o \rho^{L_o} + c_2 \left[L_o(1-\rho^{L_o}) - \frac{\rho}{1-\rho}\right] \qquad (2\text{-}8)
\end{aligned}
$$

对上式右端第一项求和并进行化简：

$$
\begin{aligned}
\sum_{n=L_o}^{\infty} n(1-\rho)\rho^n &= \rho^{L_o}\left[\sum_{l=0}^{\infty} l(1-\rho)\rho^l + L_o \sum_{l=0}^{\infty} (1-\rho)\rho^l\right] \\
&= \rho^{L_o}\left[\frac{\rho}{1-\rho} + L_o\right] \qquad (2\text{-}9)
\end{aligned}
$$

将式(2-9)代回公式(2-8)得：

$$F(L_o) = (c_1 + c_2)\rho^{L_o}\left(\frac{\rho}{1-\rho} + L_o\right) - c_1 L_o \rho^{L_o} + c_2\left[L_o(1-\rho^{L_o}) - \frac{\rho}{1-\rho}\right]$$

$$= (c_1 + c_2)\frac{\rho^{L_o+1}}{1-\rho} + c_2 L_o - \frac{c_2\rho}{1-\rho} = \frac{c_1\rho^{L_o+1}}{1-\rho} + c_2 L_o - \frac{c_2\rho(1-\rho^{L_o})}{1-\rho} \quad (2\text{-}10)$$

利用边际法求解式(2-10)，使 $F(L_o)$ 取最小的 L_o 应满足：

$$\begin{cases} F(L_o - 1) \geqslant F(L_o) \\ F(L_o + 1) \geqslant F(L_o) \end{cases} \quad (2\text{-}11)$$

解上述不等式组得：

$$\left(\ln\frac{c_2}{c_1+c_2}\Big/\ln\rho\right) - 1 \leqslant L_o \leqslant \ln\frac{c_2}{c_1+c_2}\Big/\ln\rho \quad (2\text{-}12)$$

因为 L_o 表示队列长度，即 L_o 取值必须是一整数，所以取 L_o 为：

$$L_o = \left[\ln\frac{c_2}{c_1+c_2}\Big/\ln\rho\right] \quad (2\text{-}13)$$

此时 L_o 即为所求，其中 $[\,\cdot\,]$ 表示取下整。

一般认为申请发送的数据帧在缓冲队列中没能及时传输而被丢弃这种损失对控制系统性能的影响较大，即损失代价 c_1 较大。而以太网闲置这种损失对控制性能的影响较小，即损失代价 c_2 较小。所以满足：$c_1 \geqslant c_2$。

2.5　仿真实验

由于实时以太网的传输速度可达 100（Mb/s），因此设平均传输速率为 1.25×10^3（frame/ms），即 $\mu = 1.25 \times 10^3$。设节点的平均申请速率为 1.0×10^3（frame/ms），即 $\lambda = 1.0 \times 10^3$。则传输强度 $\rho = 0.8$。对于损失代价 c_1、c_2 给出三种不同的组合并分别代入式(2-13)得到对应的 L_o（MB），如表 2-1 所示：

表 2-1　损失权值与最佳队列长度关系表

	C_1	C_2	L_o/MB
第一组	0.5	0.5	3
第二组	0.7	0.3	5
第三组	0.8	0.2	7

为了证实结果的有效性，对表 2-1 其中一组结果（以第二组为例）进行了仿真实验，实验结果如下：

表 2-2 的第 L 列表示在不同实验次数下队列长度为 L 的损失值，其中第 5 列的函数值 $F(5)$ 在相同实验次数下比其他列的函数值都小。说明当队列长度为 5 MB 时通信损失代价最小，即在一次传输周期中以太网的传输效率最高。

表 2-2 函数损失代价

N	F(1)	F(2)	F(3)	F(4)	F(5)	F(6)	F(7)	F(8)	F(9)
100	0.175 3	0.255 5	0.149 6	0.168 4	0.077 5	0.114 4	0.115 7	0.118 7	0.098 9
200	0.087 6	0.127 7	0.074 8	0.084 2	0.038 7	0.057 2	0.057 8	0.059 3	0.049 4
300	0.058 4	0.085 1	0.049 8	0.056 1	0.025 8	0.038 1	0.038 5	0.039 5	0.032 9
400	0.043 8	0.063 8	0.037 4	0.042 1	0.019 3	0.028 6	0.028 9	0.029 6	0.024 7
500	0.035 0	0.051 1	0.029 9	0.033 6	0.015 5	0.022 8	0.023 1	0.023 7	0.019 7
600	0.029 2	0.042 5	0.024 9	0.028 0	0.012 9	0.019 0	0.019 2	0.019 7	0.016 4
700	0.025 0	0.036 5	0.021 3	0.024 0	0.011 0	0.016 3	0.016 5	0.016 9	0.014 1
800	0.021 9	0.031 9	0.018 7	0.021 0	0.009 6	0.014 3	0.014 4	0.014 8	0.012 3
900	0.019 4	0.028 3	0.016 6	0.018 7	0.008 6	0.012 7	0.012 8	0.013 1	0.010 9
1 000	0.017 5	0.025 5	0.014 9	0.016 8	0.007 7	0.011 4	0.011 5	0.011 8	0.009 8

注:N 表示实验次数,$F(L)$ 表示队列长度为 L 时的损失函数的值。

图 2-3 中不同折线反映的是在相应实验次数下通信损失函数值随队长变化的关系。每条颜色的折线都在 $L=5$ MB 时达到最小值,可见本章的理论推导部分是正确且有效的。为了验证模型的优越性,对表 2-1 中三组最佳队列长度,在 Matlab 2006a 环境下进行了仿真实验,并在相同参数下给出文献[163]的 WFQ(Weighted Fair Queuing)方法结果。实验结果如下:

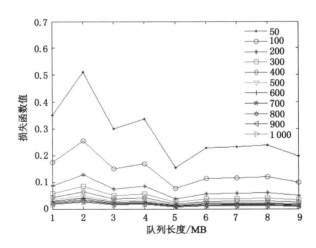

图 2-3 损失函数值随队列长度变化示意图

从理论结果和实验结果均可得出,当以太网处于繁忙期时(即 c_1 较大时),有大量的数据帧等待发送,为了减少数据帧不能及时传输而被丢弃需要更大的缓冲队列存储,以避免产生较大的丢包率。而当以太网处于闲置期时(即 c_1 较小时),等待发送的数据帧较少,此时不需要很大的缓存队列。尽管该情况没有丢包现象,但网络吞吐率不高。另外,三组实验结果表明,理论分析得到的最优队列长度与实验结果完全吻合。

从对比结果中可以看出,第一组权值下(如图 2-4 所示),本章得到的系统损失概率值比 WFQ 平均低 0.15,第二组平均低 0.3(如图 2-5 所示),第三组平均低 0.21(如图 2-6 所示)。这说明基于系统损失概率方面,本章模型下的优化方法优于 WFQ 方法。原因在于 WFQ 方法只分析了在发送端发送数据时间足够长的情况下,赋予相同权值队列的队长分布情况,没有对队列长度和系统通信性能之间的关系进行深入研究。而本章在分析发送端、中间节点中数据帧排队延时及不能及时传输而产生丢包的基础上,针对缓存队列长度对系统通信性能的影响进行了深入研究,对缓存队列长度进行了最优选择。

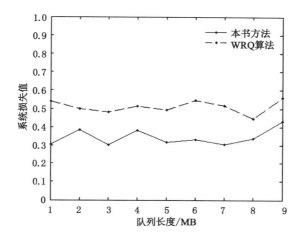

图 2-4 系统损失值随队长变化关系(第一组)

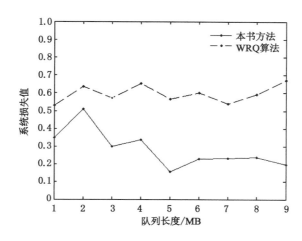

图 2-5 系统损失值随队长变化关系(第二组)

可见本章通过确定最优缓存队列长度减少排队延时,提高实时以太网通信性能所建立的模型行之有效。

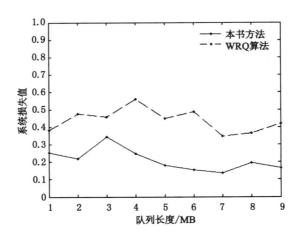

图 2-6 系统损失值随队长变化关系(第三组)

2.6 本章小结

    本章对实时以太网发送端及中间节点缓存队列的实际模型,即在 Linux 数据链路层协议栈中发送数据帧的过程进行了深入分析,得出数据帧排队延时是影响通信性能的主要因素。根据数据帧排队延时及实时以太网传输延时的分布特性,确立了二者组成的通信系统符合排队论中的生灭模型。在该模型基础上,给出了在一次传输周期中以太网通信效率最优即通信损失代价最小的目标函数。结合排队理论对该目标函数进行简化并最终推导出通信损失代价最小时的最佳队列长度,从而对数据帧最优缓存队列长度的需求给出了依据。实验结果表明本章模型在一定程度上改善了实时以太网通信性能。对实际系统最优缓存队列长度的设计具有一定指导意义。

3 实时以太网通信效率优化模型

3.1 引言

　　国际电工委员会(IEC)收录并出台的 20 种实时以太网行规集(communication profile familiy,CPF)中,每种网络类型的数据链路层都保留了 CSMA/CD 协议,主要原因是该协议控制简单、易于实现且被列入 IEEE802.3 标准。然而该协议是一种允许冲突、解决冲突的协议,这种机制导致数据在传输过程中具有不确定性,这是 CSMA/CD 协议无法克服的弱点。尽管交换网络可以通过避免冲突来保证确定的传输延时,然而交换网络价格昂贵,在对网络通信性能要求并不十分苛刻的网络控制系统中难以推广。

　　当实时以太网采用 CSMA/CD 协议进行通信调度时,发送端与接收端的数据传输速率在统计条件下能否达到平衡状态对实时以太网通信效率产生直接影响。针对该问题,建立了基于 Markov 理论的统计条件下实时以太网通信效率优化模型。该模型对实时以太网传输状态进行分析,计算每种状态之间的转移概率,并以此构造状态转移概率矩阵。通过解平稳状态方程确定以太网处于每种状态的概率,并计算数据帧发生碰撞后每次重传成功的概率。以数据帧发送成功率最大为目标函数,对发送端发送速率进行了优化。实验结果表明,本章优化模型有效地增加了数据帧发送成功概率,提高了实时以太网通信性能。

3.2 Markov 理论

　　为了更好地理解本章研究内容所采用的理论基础,以下对 Markov 相关理论进行简介。

　　Markov 链是一类重要的随机过程,按照研究对象的时间是否连续,可分为连续时间的 Markov 链和离散时间的 Markov 链,两者在理论上有所差别。本节只介绍跟本章相关的离散 Markov 链,首先给出离散 Markov 链的定义。

　　设 $\{X(n)\}$ 是一个随机过程,时间 n 为非负整数,$X(n)$ 的取值为 $0,1,2,\cdots$,即状态空间 $S=\{0,1,2,\cdots\}$,S 即可以是有限集也可以是无限集。如果任取一组时间整数 $0 \leqslant n_1 < n_2 < \cdots < m < n$,即一组状态整数 $i_1,i_2,\cdots,i,j$,$X(n)$ 的条件概率满足下列关系:

$$P(X(n) = j \mid X(n_1) = i_1, X(n_2) = i_2, \cdots, X(m) = i)$$
$$= P(X(n) = j \mid X(m) = i) \tag{3-1}$$

　　即 $X(n)$ 的条件概率只与当前的条件 $X(m)=i$ 有关与 m 时刻以前的系统处于何种状态无关,则称 $\{X(n)\}$ 是离散时间的 Markov 链[164]。当 S 是无限集时,则称 $\{X(n)\}$ 是具有可数无限状态的 Markov 链。

　　系统以后所处状态的概率只与当前所处状态有关而与以前所处状态无关的性质叫

Markov 性。在 Markov 家族里,齐次 Markov 链应用最为广泛,本章对实时以太网状态的分析正是基于齐次 Markov 链理论,因此给出齐次 Markov 链的定义。

设 $\{X(n)\}$ 是一个离散时间的 Markov 链,状态空间为 S,记为:

$$p_{ij}(m,n) \equiv P(X(n)=j \mid X(m)=i),\ i,j \in S \tag{3-2}$$

它称为在时刻 m 时系统从状态 i 出发经过 $n-m$ 步,系统到达状态 j 的转移概率。简称 $n-m$ 步转移概率。如果这个转移概率只依赖于转移时间长度 $n-m$,而与时间起点无关,记为:

$$p_{ij}^{n-m} \equiv P(X(n)=j \mid X(m)=i),\ i,j \in S \tag{3-3}$$

则,具有这种性质的离散时间的 Markov 链称为时齐的或齐次的,或具有平稳状态转移概率的。

3.3　实时以太网状态分析

节点发送数据帧经缓存队列到达实时以太网后能否成功发送取决于以太网的通信状态,因此对以太网所处状态进行分析十分重要。采用 CSMA/CD 协议的实时以太网在传输数据过程中有以下四种状态,如图 3-1 所示。

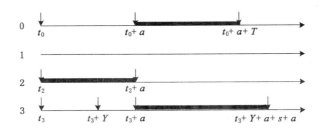

图 3-1　实时以太网传输状态示意图

在图 3-1 中,$t_i(i=0,2,3)$ 表示以太网处于状态 i 时数据帧到达以太网的时刻。a 为信号在以太网上最大传播延时即最大碰撞窗口,T 为数据帧最大发送延时,s 为阻塞信号持续时间。黑色粗线表示在以太网中传输的数据帧。则这 4 种状态分别为:

① 无碰撞传输状态(状态 0):某节点(且只有该节点)在 t_0 时刻向以太网发送数据帧,信号在以太网介质传播过程中(即在 $[t_0, t_0+a]$ 时间内),没有其他节点请求发送。所有节点在 t_0+a 时刻都监听到该数据帧,在 t_0+a+T 时刻都接收完该数据帧。该状态下节点发送的数据帧能够成功传输。这种状态是最理想的传输状态。

② 空闲状态(状态 1):以太网中没有数据帧传输的状态。即某个数据帧发送完毕到下一个数据帧发送之前以太网所处的状态。该状态持续时间越长,系统吞吐率越低。

③ 争用期状态(状态 2):某节点(且只有该节点)在 t_2 时刻向以太网发送数据帧,发送后信号在以太网上传播。在信号到达其他节点之前(即在 t_2+a 之前),其他节点并没有监听到以太网上有信号传播,所以其他节点可能向以太网发送数据帧,从而存在数据帧发生碰撞的可能。这就是争用期状态。

④ 冲突状态(状态 3):某节点(假设为节点 A)在 t_3 时刻向以太网发送数据帧,发送后

信号在以太网上传播,在 t_3+a 时刻能被其他所有节点监听到,然而在 t_3+a 时刻之前的某个时刻 $t_3+Y(0<Y<a)$,某节点(假设为节点 B)由于没有监听到以太网上有信号传播而发送数据帧,便产生冲突。在 t_3+Y+a 时刻节点 B 发送的信号到达 A,此时节点 A 立刻发送阻塞信号,则在时刻 $t_3+Y+a+s+a$ 所有的节点都监听到阻塞信号。

以上四种状态在平稳状态下,状态之间的转移过程符合 Markov 过程,因此这四种状态满足如下平稳状态方程:

$$\boldsymbol{\pi}=\pi_i P \tag{3-4}$$

其中,$\boldsymbol{\pi}=(\pi_0,\pi_1,\pi_2,\pi_3)$,$\pi_i$ 是以太网所处状态 i 的概率,$\boldsymbol{P}$ 是状态转移概率矩阵:

$$\boldsymbol{P}=(P_{ij}) \qquad i,j=0,1,\cdots,3 \tag{3-5}$$

P_{ij} 表示从状态 i 到状态 j 的转移概率。为了解出 $\boldsymbol{\pi}$,需要得知每个 P_{ij}。定义如下:

① P_{01}:设数据帧传输时间的概率分布函数为 $F(t)=P\{\xi\leqslant t\}$,其中 ξ 为数据帧在以太网上的传输时间。数据帧到达以太网过程服从泊松过程,其分布函数为 $G(t)=1-e^{-\lambda t}$,其中 λ 为数据帧的到达率。当以太网处于状态 0 时且没有数据帧到达时,以太网从状态 0 转移到状态 1。即:

$$\begin{aligned}
P_{01} &= \int_0^\infty [1-G(t)]\mathrm{d}F(t) \\
&= \int_0^\infty e^{-\lambda x}\mathrm{d}F(x)
\end{aligned} \tag{3-6}$$

② P_{02}:当以太网处于状态 0 时,有一个或多个节点请求发送数据帧,以太网便从状态 0 转移到状态 2,可见 P_{02} 和 P_{01} 是两个互容事件。因此:

$$P_{02}=1-P_{01} \tag{3-7}$$

③ P_{03}:当以太网处于状态 0 时,不管有没有节点请求发送数据帧,以太网都不会转移到状态 3,可见 P_{03} 与 $(P_{01}+P_{02})$ 为互斥事件。因此:

$$P_{03}=0 \tag{3-8}$$

④ P_{10}:当以太网处于状态 1 时,不管有没有节点请求发送数据帧,以太网都不会转移到状态 0。因此:

$$P_{10}=0 \tag{3-9}$$

⑤ P_{12}:当以太网处于状态 1 时,在未来的某个时刻势必会有一个或多个节点请求发送数据帧,所以以太网从当前状态转移到状态 2 是必然事件。因此:

$$P_{12}=1 \tag{3-10}$$

⑥ P_{13}:当以太网处于状态 1 时,不管有没有节点请求发送数据帧时,以太网都不会转移到状态 3。因此:

$$P_{13}=0 \tag{3-11}$$

⑦ P_{20}:当以太网处于状态 2 时,没有节点请求发送数据帧,以太网的状态会转移到状态 0。因此:

$$\begin{aligned}
P_{20} &= 1-G(a) \\
&= e^{-\lambda a}
\end{aligned} \tag{3-12}$$

⑧ P_{21}:当以太网处于状态 2 时,不管有没有节点请求发送数据帧,以太网都不会转移到状态 1,因此:

$$P_{21} = 0 \tag{3-13}$$

⑨ P_{23}：当以太网处于状态 2 时，有节点请求发送数据帧，以太网就会转移到状态 3，P_{23} 和 P_{20} 是互容事件。因此：

$$P_{23} = G(a)$$
$$= 1 - \mathrm{e}^{-\lambda a} \tag{3-14}$$

⑩ P_{30}：当以太网处于状态 3 时，不管有没有节点请求发送数据帧，以太网都不会转移到状态 0。因此：

$$P_{30} = 0 \tag{3-15}$$

⑪ P_{31}：当以太网处于状态 3 时，没有节点请求发送数据帧，以太网就会转移到状态 1。为了计算转移概率，必须得到 Y 的分布函数。令 $L(t)$ 为 Y 的分布函数，n 为数据帧到达个数，对于 $n \geqslant 1$ 有：

$$L_n(t) = p\{Y < \min(t_i)_{i=1,\cdots,n} \mid t_i \in [0,a], \forall i\} \tag{3-16}$$

上式等价于：

$$L_n(t) = p\{Y < t_1\} \cap p\{Y < t_2\} \cap \cdots\cdots \cap p\{Y < t_n\} \tag{3-17}$$

由于每个 t_i 在 $[0,a]$ 上都相互独立且都服从均匀分布，因此式(3-17)可转化为：

$$L_n(t) = \left(\frac{t}{a}\right)^n, 0 \leqslant t \leqslant a, n \geqslant 1 \tag{3-18}$$

由于数据帧到达率为 λ，所以在 $[0,a]$ 内有 n 个数据帧到达的概率为：

$$P_n = \frac{(\lambda a)^n}{n!} \mathrm{e}^{-\lambda a} \tag{3-19}$$

至此，得到 $[0,a]$ 上分布函数 $G(x)$：

$$L(x) = \sum_{n=1}^{\infty} L_n(t) P_n$$
$$= \sum_{n=1}^{\infty} \left(\frac{t}{a}\right)^n \frac{(\lambda a)^n}{n!} \mathrm{e}^{-\lambda a}$$
$$= (\mathrm{e}^{-\lambda a(1-\frac{t}{a})} - \mathrm{e}^{-\lambda a})/(1 - \mathrm{e}^{-\lambda a}) \tag{3-20}$$

则最终的分布函数为：

$$L(t) = \begin{cases} 0 & t < a \\ (\mathrm{e}^{\lambda t} - 1)\mathrm{e}^{-\lambda a}/(1 - \mathrm{e}^{-\lambda a}) & 0 \leqslant t < a \\ 1 & t \geqslant a \end{cases} \tag{3-21}$$

因此：

$$p_{31} = \int_0^{\infty} \mathrm{e}^{-\lambda(a+s+t)} \mathrm{d}L(t) \tag{3-22}$$

⑫ P_{32}：当以太网处于状态 3 时，有一个或多个数据帧到达以太网，其状态便会转移到状态 2。因此：

$$p_{32} = 1 - p_{31} \tag{3-23}$$

至此得到状态转移概率矩阵为：

$$\boldsymbol{P} = \begin{pmatrix} 0 & p_{01} & 1-p_{01} & 0 \\ 0 & 0 & 1 & 0 \\ p_{20} & 0 & 0 & 1-p_{20} \\ 0 & p_{31} & 1-p_{31} & 0 \end{pmatrix} \tag{3-24}$$

平稳状态满足式(3-24)且满足如下公式：

$$\sum_{i=0}^{3} \pi_i = 1 \tag{3-25}$$

联立式(3-24)和式(3-25)解得：

$$\boldsymbol{\pi} = (p_{20}, p_{31} - p_{31}p_{20} + p_{01}p_{20}, 1, 1 - p_{20})\eta \tag{3-26}$$

其中，$\eta = \dfrac{1}{p_{31} + p_{01}p_{20} - p_{20}p_{31} + 2}$。

至此，得到以太网平稳状态概率。为了计算数据帧到达以太网时以太网处于某种状态的概率，需要知道每种状态的时间期望，设 T_i 为状态 i 在平稳状态时的持续时间，则每个状态的时间期望为：

$$E[T_0] = \int_0^\infty t\mathrm{d}F(t), E[T_1] = \frac{1}{\lambda}, E[T_2] = a, E[T_3] = a + s + \int_0^a t\mathrm{d}L(t) \tag{3-27}$$

因此，可以计算当数据帧到达以太网时以太网处于状态 i 的概率 q_i 为：

$$q_i = \frac{\pi_i E[T_i]}{\sum\limits_{i=0}^{3} \pi_i E[T_i]}, i = 0, \cdots, 3 \tag{3-28}$$

3.4　每次数据帧发送成功概率

在 3.3 节中，通过计算得到了当数据帧到达时以太网所处状态的概率。在此基础上，计算数据帧在每种状态时的发送成功概率 u_i：

① u_0：当数据帧到达以太网且以太网所处状态为 0 时，正在传输的数据帧在传输期间没有数据帧到达且刚到达的数据帧在争用期间没有其他数据帧到达，这时数据帧会成功传输。所以：

$$u_0 = \mathrm{e}^{-\lambda a} \int_0^\infty \mathrm{e}^{-\lambda x} \mathrm{d}F(x) \tag{3-29}$$

② u_1：当数据帧到达以太网且以太网处于状态 1 时，在一个争用期内没有其他数据帧到达则该数据帧能成功传输。所以：

$$u_1 = \mathrm{e}^{-\lambda a} \tag{3-30}$$

③ u_2：当数据帧到达以太网且以太网处于状态 2 时，会产生碰撞。因此：

$$u_2 = 0 \tag{3-31}$$

④ u_3：当数据帧到达以太网且以太网处于状态 3 时，在状态 3 的持续时间里没有数据帧到达且在数据帧的争用期内没有其他数据帧到达，则该数据帧就能成功传输。所以：

$$u_3 = \mathrm{e}^{-\lambda a} \int_0^\infty \mathrm{e}^{-\lambda(a+s+x)} \mathrm{d}G(x) \tag{3-32}$$

根据在每种状态传输成功概率 u_i，便可计算数据帧第一次到达以太网就能成功传输的概率为：

$$P_{s1} = \sum_{i=0}^{i=3} q_i u_i \tag{3-33}$$

当产生冲突后，发生碰撞的数据帧个数直接影响重传成功的概率。因此首先分析在碰撞窗口 a 内数据帧碰撞情况。

在发生碰撞的条件下,只有两个数据帧发生碰撞的条件概率为:

$$p_{c1} = \lambda a \cdot e^{-\lambda a}/(1 - e^{-\lambda a}) \qquad (3\text{-}34)$$

由式(3-34)可得,多个数据帧(2个以上)发生碰撞的条件概率为:

$$\begin{aligned} p_{c2} &= 1 - p_{c1} \\ &= (1 - e^{-\lambda a} - \lambda a \cdot e^{-\lambda a})/(1 - e^{-\lambda a}) \end{aligned} \qquad (3\text{-}35)$$

为了比较 p_{c1} 和 p_{c2},需要给出合理的参数假设。设 λ 为 5 000 帧/s。节点间的最大传输距离为 100 m,电信号的传播速度为 2×10^8 m/s,则碰撞窗口 a 为 0.5×10^{-6} s。因此 λa 为 2.5×10^{-3},可见 $\lambda a \ll 1$。式(3-34)和(3-35)均用泰勒公式展开:

$$p_{c1} \approx \lambda a(1 - \lambda a)/[1 - (1 - \lambda a)] \qquad (3\text{-}36)$$

且

$$p_{c2} \approx [1 - (1 - \lambda a) - \lambda a(1 - \lambda a)]/[1 - (1 - \lambda a)] \qquad (3\text{-}37)$$

所以

$$p_{c2}/p_{c1} \approx \lambda a/(1 - \lambda a) \ll 1 \qquad (3\text{-}38)$$

式(3-38)说明当数据帧发生碰撞时,多个数据帧碰撞的概率远小于两个数据帧碰撞的概率,因此当发生碰撞时,认为只有两个数据帧发生碰撞。

当数据帧发生碰撞后,按照二进制指数退避算法(BEB),发生碰撞的数据帧需等待若干个时隙后重新发送。因此需要对碰撞的两个数据帧在各自时隙内发送成功的概率进行分析。

设发生碰撞的两个数据帧在第 n 次发送失败条件下第 $n+1$ 次发送成功的条件概率为 $p_{n+1|n}$,一个数据帧在第 n 次第 i 个时隙传输成功的概率为 p_{rin}。按照 BEB 算法,两个数据帧第 $n+1$ 次传输选择时隙如图 3-2 所示。

图 3-2　碰撞的两个数据帧在不同时隙发送示意图

在图 3-2 中,当两个数据帧选择不同时隙时,就不会发生碰撞。因此需要知道两个数据帧在各自时隙内传输成功的概率,分析如下。

当以太网处于状态 3 时,从产生冲突时刻 $t_3 + Y$ 到阻塞信号发送完毕时刻 $t_3 + Y + a + s + a$ 内且在数据帧发送时隙内都没有新的数据帧到达时,重发的数据帧才能成功发送。因此设 $[t_3 + Y, t_3 + Y + 2a + s]$ 时刻内没有数据帧到达的概率为 p_c,发送时隙内没有数据帧到达的概率为 p_t,则:$p_c = e^{-(2a+s)}$,$p_t = e^{-a}$。两个数据帧在各自时隙内发送成功概率相同,因此均为:

$$\begin{aligned} p_{rin} &= p_c \cdot p_t \\ &= e^{-(3a+s)\lambda} \end{aligned} \qquad (3\text{-}39)$$

式(3-39)说明,数据帧在各自时隙内发送成功的概率与选择哪个时隙及碰撞次数均无关。

如图 3-2 所示,当碰撞 n 次后数据帧发送时隙为 2^n 个。根据 BEB 算法,选择哪个时隙发送是随机的,因此选择每个时隙的概率均为 $1/2^n$,这时数据帧在某个时隙内发送成功的概率为 $(1/2^n) \cdot p_{rin}$。当两个数据帧在不同时隙内传输就不会碰撞。按照全概率公式可得:

$$p_{n+1|n} = \sum_{i=0}^{2^{n}-1} \sum_{j=0, j \neq 1}^{2^{n}-1} \left(\frac{1}{2^n} p_{rin} \right) \left(\frac{1}{2^n} p_{rin} \right) \tag{3-40}$$

其中,$p_{1|0} = p_{s1}$。

至此计算出了数据帧在第 n 次传输失败条件下第 $n+1$ 次传输成功的条件概率 $p_{n+1|n}$。由于第一次发送失败的概率为 $1 - p_{s1}$,所以根据条件概率公式可求第二次发送成功的概率为:

$$p_{s2} = (1 - p_{s1}) \cdot p_{2|1} \tag{3-41}$$

同理当前 $n+1$ 次传输失败时,第 n 次传输成功的概率为:

$$p_{sn} = \left[\prod_{i=1}^{n-1} (1 - p_{i|(i-1)}) \right] p_{n|n-1} \tag{3-42}$$

至此,计算出数据帧每次传输成功的概率。给出带约束条件的数据帧传输成功概率最大的目标函数:

$$\max F_{\text{target}}(\lambda) = C \cdot P_s$$
$$\text{s. t.} \lambda_{\min} \leqslant \lambda \leqslant \lambda_{\max} \tag{3-43}$$

其中 $C = [c_1, c_2 \cdots, c_{16}]$ 为权重向量,满足 $\| C \| = 1$,$P_s = [p_{s1}, p_{s2} \cdots, p_{s16}]$ 为概率向量。

3.5 实验结果及分析

为求式(3-43)的最优解,给出所有参数合理取值(如表 3-1 所示)。

表 3-1 实验参数

参数名称(单位)	值
以太网最大传播延时 a/s	0.5×10^{-6}
数据帧最大发送延时 T/s	1.2×10^{-4}
阻塞信号持续时间 S/s	0.5×10^{-6}
时隙大小$/\text{s}$	0.512×10^{-4}
数据帧最大长度$/\text{Byte}$	1 526
相邻节点最大传输距离$/\text{m}$	100
数据帧传输时间分布函数 F/t	$2.0 \times 10^6 t \quad 0 < t < a$
$\lambda_{\min}/(\text{frame/s})$	1.25×10^4
$\lambda_{\max}/(\text{frame/s})$	1.25×10^5

对表 3-1 中参数取值给出必要的解释。由于电信号在以太网介质的传播过程中须经过若干个中继器和路由器等网络节点且受到一定的电磁干扰,其传播速度约为光速的 2/3,即 $2.0 \times 10^8 (\text{m/s})$。一般认为两个节点的最大通信距离为 100 m。则以太网最大传输延时(即碰撞窗口)为 0.5×10^{-6} s,该延时也是当以太网发生碰撞后,阻塞信号的持续时间。

数据帧的最大长度为 1 526(Bytes)。如网卡的发送速率为 100(Mbps),则数据帧的最

大发送延时约为 1.2×10^{-4} s。

碰撞后，BEB 算法分配的时隙单元大小为 0.512×10^{-4} s。由于数据帧在以太网上传播时间服从均匀分布，即 $F(t) = \kappa t$，其中，κ 是均匀分布参数。将碰撞窗口时间 $a = 0.5 \times 10^{-6}$ s 代入上式可得 $\kappa = 2 \times 10^{6}$。因此，$F(t) = 2 \times 10^{6} t (0 \leqslant t < a)$。

令节点的发送速率在 0.1 Mbps 到 1 Mbps 之间，因此数据帧的最小、最大发送速率分别为 $\lambda_{min} = 1.25 \times 10^{4} (\text{frame/s})$ 和 $\lambda_{max} = 1.25 \times 10^{5} (\text{frame/s})$。

根据 BEB 算法，向量 C 的取值为：$c_1 = 1/2, c_2 = 1/3, c_3 = 1/6, c_4 = \cdots = c_{16} = 0$。

为了验证算法的优越性，在相同的参数下给出了文献[8]的实验结果。对比结果如图 3-3 至图 3-5 所示。

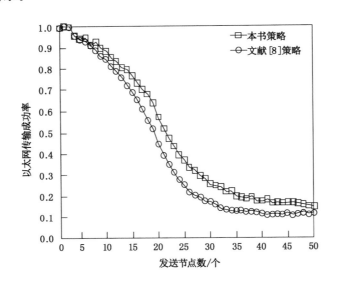

图 3-3　以太网传输成功率对比图

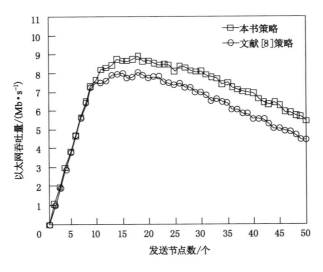

图 3-4　以太网吞吐量对比图

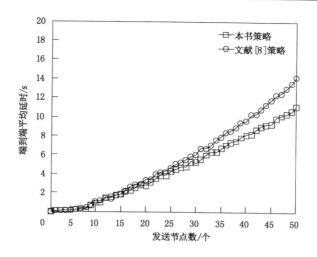

图 3-5 端到端平均延时对比图

图 3-3 对比了本章模型下的优化方法和文献[8]方法在以太网传输成功率上的性能。发送节点数小于 4 时两种方法发送成功率都很理想,均接近于 1。当发送节点数由 4 增加到 30 时,由于数据帧碰撞的增加,以太网传输成功率也随之下降,但本章方法的下降幅度明显小于文献[8]方法。其传输成功率比文献[8]最大提高了 50.4%。当发送节点数大于 30 时,两种方法的传输成功率下降幅度越来越小,但本章方法依然优于文献[8]。

从图 3-4 可以看出,在以太网吞吐量方面,本章方法也优于文献[8]方法。发送节点小于 9 个时,两种方法的性能表现相当。但当节点数大于 9 时,本章方法优势明显,其吞吐量比文献[8]最大提高了 23.4%。

图 3-5 比较了两种方法的端到端平均延时,在发送节点数小于 8 时,两种方法的平均延时都很理想,延时时间都不到 0.5 ms。但当节点数大于 8 小于 25 时,两种方法的端到端延时均开始增加,增加幅度几乎相同。但当节点数大于 25 时,本章方法开始显现优势。随着节点数的继续增加,优势越来越明显。

通过以太网传输成功率、吞吐量及端到端平均延时方面的对比。可以看出本章方法通过优化以太网传输成功率有效地提高了以太网的通信性能。尤其是网络负荷增加时,利用节点的最优发送率,有效地提高了以太网通信性能的三个指标。

3.6　本章小结

本章针对采用 CSMA/CD 协议的大规模、多节点下的实时以太网由于发送节点发送速率与接收节点接收速率能否达到统计平衡直接影响网络通信性能的问题,提出了基于 Markov 理论的实时以太网通信效率优化模型。该模型在分析以太网传输状态的基础上,确定了节点的最优发送速率,使以太网通信效率最高。对优化结果进行了仿真实验,实验结果表明本章优化模型提高了实时以太网的传输成功率、网络吞吐量及端到端平均延时等性能指标,因此具有广泛的实际价值。下一步研究工作将重点探讨实时以太网的通信性能对网络控制系统的控制性能及稳定性的影响。

4　冗余控制系统优化维护方法

4.1　引言

前两章主要针对网络实时性和如何提高网络传输效率进行了研究。本章将研究网络控制系统另一个关键技术——维护技术。维护技术是提高系统稳定性和安全性的一种有效机制,在延长系统使用寿命方面也起着至关重要的作用,维护技术在系统稳定性和可靠性方面不仅有良好的理论基础而且有实际应用价值。然而针对双控制器构成的冗余控制系统,研究其优化维护问题的文献相对较少。本章针对实际冗余控制系统(如图 4-1 所示),研究其优化维护方法,使其工作寿命最长。按照浴盆曲线理论,当控制器的工作寿命进入第三阶段——耗损失效期时,失效率随时间的延长而迅速增加,控制器失效次数较为频繁,在该阶段对控制器进行维护才有意义。因此,本章维护方法基于浴盆曲线的第三阶段——耗损失效期。

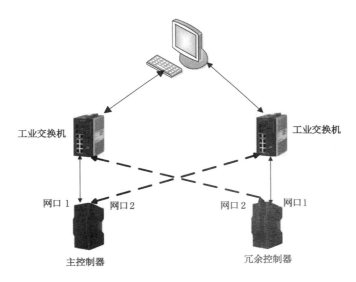

图 4-1　两个同类型的 PEC8000 控制器构成的冗余控制系统

本章维护方法主要思想是:在合理和必要的假设下,建立冗余控制系统维护效益优化模型。该模型在一些必要假设条件下对系统的动态特性进行分析,用半 Markov 链及再生点技术刻画系统状态转移概率,得出系统的半 Markov 核。通过对半 Markov 核进行拉普拉斯变换,得到系统状态分布函数的象函数,并以此得到系统期望工作寿命的数学表达式。对该表达式进行分析,得到不同条件下维护周期与系统期望工作寿命之间的关系,并以定理的形式给出系统的最优维护周期。

4.2　半 Markov 理论

在许多实际应用中,用 Markov 模型刻画系统的状态变化显得过于理想化,与实际系统的真实模型有一定偏差。而半 Markov 过程是在 Markov 过程基础上,将条件进一步弱化,使其系统模型更具一般性,因此有着更为广泛的应用。本章基于半 Markov 理论对冗余控制系统进行研究。

首先给出半 Markov 的定义。设随机变量 X_n 取值在有限可数集 $S = \{0, 1, \cdots K\}$ 中,另一随机变量 T_n 取值在 $[0, \infty)$ 中,其中 $0 = T_0 \leqslant T_1 \leqslant T_2 \leqslant \cdots$。如果对所有 $n = 0, 1, \cdots j \in S$,$t \geqslant 0$,都有

$$P\{X_{n+1} = j, T_{n+1} - T_n \leqslant t \mid X_0, X_1, \cdots, X_n, T_0, T_1, \cdots T_n\}$$
$$= P\{X_{n+1} = j, T_{n+1} - T_n \leqslant t \mid X_n\}$$

则随机过程 $(\boldsymbol{X}, \boldsymbol{T}) = \{X_n, T_n, n = 0, 1, \cdots\}$ 被称为在状态空间 S 上的 Markov 更新过程。又如果对所有 $i, j \in S, t \geqslant 0$,

$$Q_{ij}(t) = P\{X_{n+1} = j, T_{n+1} - T_n \leqslant t \mid X_n = i\}$$

与 n 无关,则称 $(\boldsymbol{X}, \boldsymbol{T})$ 是时齐的,称 $\{Q_{ij}(t), i, j \in S\}$ 为半 Markov 核[166]。

若令

$$Y(t) = X_n$$

当 $T_n \leqslant t \leqslant T_{n+1}$ 时,称 $\{Y(t), t \geqslant 0\}$ 是与 Markov 更新过程 (X, T) 相关联的半 Markov 过程。$Y(t)$ 可以看作过程在时刻 t 所处的状态。过程在时刻 $T_1, T_2, \cdots$ 发生状态转移。在时刻 T_n 进入状态 X_n,在状态 X_n 的停留时间长为 $T_{n+1} - T_n$。

在 Markov 过程中,系统在每个状态的停留时间都服从指数分布,由于指数分布具有无记忆性,任一时刻 t 都是再生点,即在任一时刻 t 系统都具有 Markov 性。所谓再生点就是指这样的时刻,过程未来所处的状态完全由这个时刻状态决定,与以前过程处于何种状态无关,这种时刻就被称为再生时刻或再生点。在半 Markov 过程中,停留时间的分布是一般分布,因此不是所有的时刻 t 都是再生点,而只有状态转移时刻(通常是随机的)是再生点。在这些时刻点上过程具有 Markov 性。

4.3　系统模型描述

该冗余控制系统由一个主控制器和一个冷储备冗余控制器构成,主控制器和冗余控制器是同类型产品,因此它们具有相同的寿命分布。两个控制器中某一控制器一旦失效就会有维修人员对其维修,另外维修人员须定期为控制器进行维护。为了更好地描述该模型,给出以下必要假设。

假设 1:主控制器和冗余控制器工作寿命独立同分布。两个控制器经过维修和维护后其寿命分布函数与维修前相同,维修时间和维护时间相互独立。为了简化描述,主控制器称为 C_1,冗余控制器称为 C_2。

假设 2：起初，两个控制器均正常工作。C_1 处于工作状态，C_2 处于冗余状态。随着时间的推移和电子元器件的自然老化，C_1 一旦失效，控制系统会自动切换到 C_2。与此同时，维修人员会立即对失效的 C_1 进行维修。由于两个控制器之间的切换是瞬时的，因此切换时间忽略不计。

假设 3：失效控制器被维修好后，可能进入工作状态也可能进入冗余状态，这取决于当时另一个控制的状态。

假设 4：为了保证控制器的控制性能，需要对工作状态的控制器进行周期性的维护。设维护周期为 T，在维护时刻 $\tau T (\tau = 1, 2, \cdots)$，如果另一个控制器处于冗余状态，则对工作控制器进行维护，否则对工作控制器的维护将被推迟到下一个维护时刻。

假设 5：当工作控制器失效时，如果冗余控制器处于维修或维护状态，则两个控制器都无法工作，此时冗余控制系统失效。

根据以上假设，冗余控制系统的状态可定义为：

S_0：一个控制器在工作，另一个控制器冷储备。

S_1：一个控制器在工作，另一个控制器正在维修。

S_2：一个控制器在工作，另一个控制器正在维护。

S_3：一个控制器在维修或维护，另一个控制器失效，等待维修。该状态表示冗余系统失效。

数字 0、1、2 分别表示控制器处于工作状态、冗余状态、维修或维护状态。则整个系统的运行过程如图 4-2 所示。

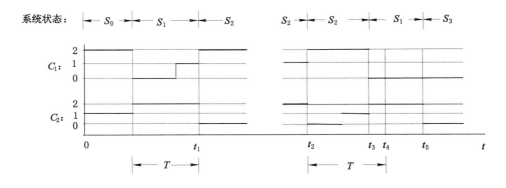

图 4-2　冗余控制系统运行过程示意图

图 4-2 是冗余控制系统运行的一个典型场景。对该场景进行简要描述，系统首先在 $t = 0$ 时刻开始运行，此时系统处于状态 S_0。之后系统的运行过程经历若干次 S_1 和 S_2 状态。最后系统在 $t = t_5$ 时刻失效，并停留在 S_3 状态。对于以上状态，S_0 是系统最初进入并不能返回的初始状态，S_1 和 S_2 是系统经历若干次的过渡状态。S_3 是系统的最终状态，如果没有外力驱动，系统将永远停留在此状态，因此 S_3 状态又称吸收态。系统状态的转移过程如图 4-3 所示。图 4-3 描述了系统状态转移情况。

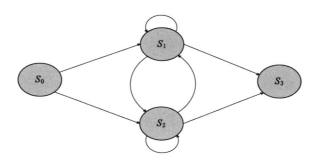

图 4-3　系统状态转移示意图

4.4　系统的半 Markov 性分析

通过 Markov 链的基本理论可知,系统进入任何一种状态 $S_i \in E$ 的时刻都是再生点。让 $T_n \in [0,\infty)$ 表示系统进入状态 S_i 的时刻,Z_n 表示在 $[T_n, T_{n+1})$ 时间内系统所处的状态,则 $\{Z_n, T_n \mid n=0,1,\cdots\}$ 是状态空间为 E 的 Markov 更新过程[167]。且

$$p_{ij}(t) = P\{Z_{n+1} = S_j, T_{n+1} - T_n \leqslant t \mid Z_n = S_i\} \tag{4-1}$$

是状态空间 E 上的半 Markov 核。让随机变量 X_T 表示维护周期,则该周期的分布函数为:

$$H(t) = P\{X_T \leqslant t\}$$
$$= \begin{cases} 0 & t < T \\ 1 & t \geqslant T \end{cases} \tag{4-2}$$

对系统的半 Markov 核进行分析。令 X 表示控制器的寿命,$F(t)$ 表示随机变量 X 的分布函数。系统处于状态 S_0 时,如果正在工作的控制器在维护之前失效,即 $X < X_T$,则根据假设 2 可知,在控制器失效后,该控制器处于状态 2,而另一个控制器处于状态 0。此时系统处于状态 S_1。因此系统从状态 S_0 转移到状态 S_1 发生在控制器失效时刻。从而可得 $p_{01}(t)$:

$$p_{01}(t) = P\{X \leqslant t, X < X_T\}$$
$$= \int_0^t \bar{H}(u)\mathrm{d}F(u) \tag{4-3}$$

然而,如果主控制器在维护之前没有失效,即 $X > X_T$,则需要在维护周期 T 时刻对主控制器进行维护。同时系统会切换到冗余控制器继续工作,在这种情况下,系统在时刻 T 从状态 S_0 转移到状态 S_2。因此 $p_{02}(t)$ 可以表示为:

$$p_{02}(t) = P\{X_T \leqslant t, X > X_T\}$$
$$= \int_0^t \bar{F}(u)\mathrm{d}H(u) \tag{4-4}$$

用相同的方式对 $p_{i1}(t)$ 进行分析。令 Y_1 和 Y_2 分别表示维修时间和维护时间,$G_1(t)$ 和 $G_2(t)$ 分别表示 Y_1 和 Y_2 的分布函数。假设系统当前处于状态 S_1 或 S_2,不论在哪种状态下,若使系统在未来某时刻 t 处于状态 S_1,则工作控制器必在 $(0,t]$ 时间段内失效,并且失效时间必须同时满足以下两个条件。条件一:失效时间必须在另一个控制器的维修或维护完成时刻之后,即 $X > Y_i$。根据假设 3 和 4 可知,当工作中的控制器失效后,一个控制器处于

状态 0,另一个控制器处于状态 2,此时系统处于状态 S_1。因此系统从状态 $S_i(i=1,2)$ 转移到状态 S_1 必定发生在工作控制器的失效时刻。条件二:失效时间必须在维护之前,即:$X<X_T$。否则,系统会在失效时刻由状态 $S_i(i=1,2)$ 进入状态 S_2。因此,S_2 可以表示为:

$$p_{i1}(t) = P\{X \leqslant t, Y_i \leqslant X < X_T\}$$

$$= \int_0^t G_i(u)\bar{H}(u)\mathrm{d}F(u) \tag{4-5}$$

类似地,假设系统当前处于状态 S_1 或 S_2。无论处于哪种状态,如果 $X_T<Y_i<X$,则在对失效控制器维修或维护完成时刻,需要对工作控制器进行维护,该时刻是系统从状态 $S_i(i=0,1)$ 转移到状态 S_2 的时刻。反之,如果 $Y_i<X_T<X$,则对工作控制器的维护将发生在对失效控制器某个维护结束的时刻。该时刻也是系统从状态 S_i $i=0,1$ 转移到状态 S_2 的时刻。因此,p_{i2} 可以表示为:

$$p_{i2}(t) = P\{Y_i \leqslant t, X > Y_i > X_T\} + P\{X_T \leqslant t, Y_i \leqslant X_T < X\}$$

$$= \int_0^t \bar{F}(u)H(u)\mathrm{d}G_i(u) + \int_0^t \bar{F}(u)G_i(u)\mathrm{d}H(u) \tag{4-6}$$

然而,不论系统处于哪个状态(S_1 或 S_2),如果 $X<Y_i$,说明在对失效控制器进行维修或维护完成之前,工作控制器失效。此时,两个控制器都不能正常工作,则整个系统失效。因此,p_{i3} 表示为:

$$p_{i3}(t) = P\{X \leqslant t, X < Y_i\}$$

$$= \int_0^t \bar{G}_i(u)\mathrm{d}F(u) \quad i = 1,2 \tag{4-7}$$

至此,系统的所有转移概率即系统的半 Makov 核都已得到。

4.5　优化维护方法

从系统的半 Markov 核可知,维护周期 T 作为一个随机变量与状态转移概率有直接关系,所以周期 T 对系统所处状态的时间的分布函数有重要影响。因此,下面对维护周期如何影响系统首次失效前的平均时间分布进行深入分析,并给出一个可行的计算方法。

对式(4-3)~式(4-7)进行拉普拉斯变换,可得:

$$\hat{p}_{01}(s) = \int_0^T \mathrm{e}^{-st}\mathrm{d}F(t) \tag{4-8}$$

$$\hat{p}_{02}(s) = \mathrm{e}^{-sT}\bar{F}(T) \tag{4-9}$$

$$\hat{p}_{i1}(s) = \int_0^T \mathrm{e}^{-st}G_i(t)\mathrm{d}F(t) \quad i = 1,2 \tag{4-10}$$

$$\hat{p}_{i2}(s) = \int_T^\infty \mathrm{e}^{-st}\bar{F}(t)\mathrm{d}G_i(t) + \mathrm{e}^{-sT}\bar{F}(T)G_i(T) \quad i = 1,2 \tag{4-11}$$

$$\hat{p}_{i3}(s) = \int_0^\infty \mathrm{e}^{-st}\bar{G}_i(t)\mathrm{d}F(t) i = 1,2 \tag{4-12}$$

通过对系统状态时间分布 $\pi_i(t)$ 及对应的状态转移概率 $p_{ij}(t)$ 进行卷积,建立 Markov 更新方程:

$$\pi_0(t) = p_{01}(t) * \pi_1(t) + p_{02}(t) * \pi_2(t) \tag{4-13}$$

$$\pi_i(t) = p_{i3}(t) + p_{i1} * \pi_1(t) + p_{i2}(t) * \pi_2(t) \qquad i = 1,2 \tag{4-14}$$

用相同的方式,对式(4-13)和式(4-14)进行拉普拉斯变换,可得:

$$\hat{\pi_0}(s) = \hat{p_{01}}(s) \cdot \hat{\pi_1}(s) + \hat{p_{02}}(s) \cdot \hat{\pi_2}(s) \tag{4-15}$$

$$\hat{\pi_i}(s) = \hat{p_{i3}}(s) + \hat{p_{i1}}(s) \cdot \hat{\pi_1}(s) + \hat{p_{i2}}(s) \cdot \hat{\pi_2}(s) \qquad i = 1,2 \tag{4-16}$$

联立式(4-15)及(4-16),可解 $\pi_i(s)$。由于系统从进入 $S_i(i=0,1,2)$ 到失效的平均时间为:

$$m_i = \int_0^\infty t \mathrm{d}\pi_i(t) = -\left.\frac{\mathrm{d}\left(\int_0^\infty \mathrm{e}^{-s} \mathrm{d}\pi_i(t)\right)}{\mathrm{d}s}\right|_{s=0} = -\left.\frac{\mathrm{d}\hat{\pi_i}(s)}{\mathrm{d}s}\right|_{s=0} \tag{4-17}$$

对式(4-15)及式(4-16)进行微分后再令 $S=0$,可得关于 $m_i(i=0,1,2)$ 的线性方程组:

$$m_0 = \hat{p_{01}}(0) \cdot m_1 + \hat{p_{02}}(0) \cdot m_2 + \lambda_0 \tag{4-18}$$

$$m_i = \hat{p_{i1}}(0) \cdot m_1 + \hat{p_{i2}}(0) \cdot m_2 + \lambda_i \qquad i = 1,2 \tag{4-19}$$

其中,m_0 是系统从进入初始状态到系统失效的平均时间。λ_0 和 $\lambda_i(i=1,2)$ 为:

$$\lambda_0 = -\left[\hat{p_{01}}'(0) + \hat{p_{02}}'(0)\right] \tag{4-20}$$

$$\lambda_i = -\left[\hat{p_{i1}}'(0) + \hat{p_{i2}}'(0) + \hat{p_{i3}}'(0)\right] \qquad i = 1,2 \tag{4-21}$$

联立式(4-18)和式(4-19)可得:

$$m_0 = \frac{\left[\hat{p_{01}}(1 - \hat{p_{22}}) + \hat{p_{02}}\hat{p_{21}}\right]\lambda_1 + \left[\hat{p_{02}}(1 - \hat{p_{11}}) + \hat{p_{01}}\hat{p_{12}}\right]\lambda_2}{(1 - \hat{p_{11}})(1 - \hat{p_{22}}) - \hat{p_{12}}\hat{p_{21}}} + \lambda_0 \tag{4-22}$$

其中,$\hat{p_{ij}} = \hat{p_{ij}}(0)$。

将式(4-8)~式(4-12)和式(4-20)~式(4-21)代入式(4-22)并进行简化,可得 m_0 关于 T 的函数:

$$m_0(T) = \frac{\left[\dfrac{1}{\eta_1} - \psi_1(0)\right]\left[-\omega_2(0)\right] + \left[\dfrac{1}{\eta_2} - \psi_2(0)\right]\left[1 + \omega_1(0)\right]}{\gamma_1\left[-\omega_2(0)\right] + \gamma_2\left[1 + \omega_1(0)\right]} \tag{4-23}$$

其中,

$$\gamma_i = \int_0^\infty \bar{G_i}(t) \mathrm{d}F(t) \tag{4-24}$$

$$\frac{1}{\eta_i} = \int_0^\infty \bar{G_i}(t)\bar{F}(t) \mathrm{d}t \tag{4-25}$$

$$\psi_i(t) = \int_T^t [\gamma_i + G_i(u)]\bar{F}(u) \mathrm{d}u \tag{4-26}$$

$$\omega_i(t) = \int_T^t [\gamma_i + G_i(u)] \mathrm{d}F(u) \tag{4-27}$$

以下通过计算最优周期 T° 使得 $m_0(T)$ 取得最大值。假设 $F(t)$ 的密度函数存在,令其为 $f(t)$,则失效率函数为:

$$r(t) = f(t)/\bar{F}(t) \tag{4-28}$$

为描述方便,引入下列记号:

$$L(t) = \frac{\gamma_1 G_2(t) - \gamma_2 G_1(t)}{\gamma_1 - \gamma_2} \tag{4-29}$$

$$k = \frac{\gamma_2 \eta_1 \eta_2}{\gamma_1 \eta_1 - \gamma_2 \eta_2} \tag{4-30}$$

$$K = \frac{\lambda \gamma_1}{\gamma_1 - \gamma_2} \tag{4-31}$$

关于 T° 和 $m_0(T)$ 有如下定理：

定理 1：设 $G_1(t) < G_2(t)$，$r(t)$ 单调递增且连续可微，则：

① 如果 $r(\infty) > K$，$\gamma_1 \eta_1 > \gamma_2 \eta_2$ 及 $r(0) < k$，或者 $r(\infty) > K$，$\gamma_1 \eta_1 \leqslant \gamma_2 \eta_2$。则式(4-23)存在唯一有限解 T°，其满足如下公式：

$$m_0(T)\left[\int_0^T \bar{F}(t)L(t)dt + \int_0^\infty \bar{F}(t)\bar{L}(t)dt\right] - \int_0^T L(t)dF(t) = \frac{1}{\gamma_1 - \gamma_2}\left[\gamma_1 \int_0^\infty \bar{L}(t)dF(t) + \gamma_2 \int_0^\infty L(t)dF(t)\right] \tag{4-32}$$

且 $m_0(T)$ 的最大值为：

$$m_0(T^\circ) = \frac{1+\gamma_1}{\lambda \gamma_2} + \frac{1}{\gamma_1}\left[\frac{\psi_1(\infty)}{r(T^\circ)} - \omega_1(\infty)\right] \tag{4-33}$$

② 如果 $r(\infty) \leqslant K$，则 $T^\circ = \infty$。说明主控制器不需要维护，并且有：

$$m_0(T^\circ) = \frac{1+\gamma_1}{\lambda \gamma_1} \tag{4-34}$$

③ 如果 $\gamma_1 \eta_1 > \gamma_2 \eta_2$ 且 $r(0) \geqslant k$，则 $T^\circ = 0$。说明失效的控制器一旦被维修好或维护完必须立即切换到工作状态，然后维修人员立刻对另一个控制器进行维护。此时：

$$m_0(0) = \frac{1}{\gamma_2 \eta_2} \tag{4-35}$$

证明： 由于 $\forall t > 0, L(t) > 0$ 且有

$$\int_0^\infty \bar{F}(t)\bar{L}(t)dt = \frac{\gamma_1 \eta_1 - \gamma_2 \eta_2}{\eta_1 \eta_2(\gamma_1 - \gamma_2)} \tag{4-36}$$

因此在假设 $G_1(t) < G_2(t)$ 成立的条件下，可得 $\gamma_1 > \gamma_2$，$\eta_2 > \eta_1$。对式(4-23)两端关于 T 求微分可得：

$$\gamma_1 \int_0^\infty \bar{G}_2(t)dF(t) + \gamma_2 \int_0^\infty G_1(t)dF(t)$$
$$= r(T)\left[\int_0^T (\gamma_1 G_2(t) - \gamma_2 G_1(t))\bar{F}(t)dt + \left(\frac{\gamma_1}{\eta_2} - \frac{\gamma_2}{\eta_1}\right)\right] - \int_0^T (\gamma_1 G_2(t) - \gamma_2 G_1(t))dF(t) \tag{4-37}$$

将 $L(t)$ 代入式(4-37)并化简，可得式(4-32)。让 $h(T)$ 表示式(4-32)的左侧，则有：

$$h(0) = r(0)\int_0^\infty \bar{F}(t)\bar{L}(t)dt \tag{4-38}$$

$$h(\infty) = \frac{r(\infty)}{\lambda} - \int_0^\infty L(t)dF(t) \tag{4-39}$$

对 $h(T)$ 求微分，则有：

$$h'(T) = r'(0)\left[\int_0^T \bar{F}(t)L(t)dt + \int_0^\infty \bar{F}(t)\bar{L}(t)dt\right] \tag{4-40}$$

因此，如果 $\gamma_1 \eta_1 > \gamma_2 \eta_2$，则由于 $r(T)$ 连续且单调递增，可得 $\forall T > 0, h(T) > 0$ 且连续，单调增加。

令常量 D 表示式(4-32)的右侧,则 $D>0$。进一步如果 $r(0)<k$ 并且 $r(\infty)>K$,则 $h(0)<D<h(\infty)$。由于 $h(T)$ 连续且单调,因此式(4-32)和(4-33)存在唯一有限解 $T^o(0<T^o<\infty)$。

如果 $r(0)\geqslant k$,则 $h(0)\geqslant D$。因此 $\forall T>0$,有 $m'_0(T)<0$,说明 $m_0(T)$ 是单调减函数。因此最优维护周期 $T^o=0$。

如果 $r(\infty)\leqslant K$,则 $h(\infty)\leqslant D$。即 $\forall(T<\infty)$,有 $h(T)<D$。因此最优维护周期 $T^o=\infty$。

另一方面,如果 $\gamma_1\eta_1<\gamma_2\eta_2$,则 $h(0)<0,h'(0)<0$ 且 $h'(\infty)>0$。因此 $h(T)$ 是单峰函数且 $\forall(T>T^o),h(T)$ 单调增加。其中 $h'(T^o)=0$,如果 $\gamma_1\eta_1=\gamma_2\eta_2$,则 $h'(0)=0$ 且 $h(T)$ 单调增加。无论上述哪种情况,如果 $r(\infty)>K$,则式(4-32)和式(4-33)存在唯一有限解 $T^o(0<T^o<\infty)$。如果 $r(\infty)\leqslant K$,则 $\forall T$,有 $h(T)<D$。因此最优维护周期为 $T^o=\infty$。

4.6 数值实例和仿真实验

该节中,首先给出一个数值实例说明所求最优维护周期 T^o 这一理论结果的正确性。之后,为了测试和验证提出方法的性能和优越性,给出一组仿真实验,实验结果与 Mahmoud and Moshref(2010)方法进行了比较。

4.6.1 数值实例

假设 F 服从参数为 $\frac{1}{\lambda}$ 和 α 的 Weibull 分布。G_1 和 G_2 分别服从参数为 μ 和 β 的指数分布。即

$$F(t)=1-\mathrm{e}^{-(\lambda t)^\alpha},\quad G_1(t)=1-\mathrm{e}^{-\mu t},\quad G_2(t)=1-\mathrm{e}^{-\beta t}$$

其中,$t\geqslant 0,\lambda>0,\alpha>0$ 且 $\beta>\mu>0$,令 $\lambda=1,\alpha=2,\mu=1(个/a),\beta=5(个/a)$ 并将其代入式(4-24)至式(4-27),可得:

$$\gamma_1=\int_0^\infty \mathrm{e}^{-t}\mathrm{d}(1-\mathrm{e}^{-t^2})=0.452\ 7$$

$$\frac{1}{\eta_1}=\int_0^\infty \mathrm{e}^{-t}\mathrm{e}^{-t^2}\mathrm{d}t=0.546\ 5$$

$$\phi_1(0)=\int_T^0[\gamma_1+G_1(u)]\bar{F}(u)\mathrm{d}u=\int_0^T(\mathrm{e}^{-u}-1.452\ 7)\mathrm{e}^{-u^2}\mathrm{d}u$$

$$\omega_1(0)=\int_T^0[\gamma_1+G_1(u)]\mathrm{d}F(u)=2\int_0^T(\mathrm{e}^{-u}-1.452\ 7)\mathrm{e}^{-u^2}u\mathrm{d}u$$

用相同的方式可得:

$$\gamma_2=0.064\ 2$$

$$\frac{1}{\eta_2}=0.191\ 0$$

$$\phi_2(0)=\int_0^T(\mathrm{e}^{-5u}-1.064\ 2)\mathrm{e}^{-u^2}\mathrm{d}u$$

$$\omega_2(0)=2\int_0^T(\mathrm{e}^{-5u}-1.064\ 2)\mathrm{e}^{-u^2}u\mathrm{d}u$$

将其代入代(4-23)得：

$$m_0(T) = \frac{[\phi_1(0) - 0.546\,5]\omega_2(0) + [0.191\,0 - \phi_2(0)][1 + \omega_1(0)]}{0.064\,2\omega_1(0) - 0.453\,7\omega_2(0) + 0.064\,2}$$

其中,变量 $\phi_1(0)$,$\phi_2(0)$,$\omega_1(0)$ 和 $\omega_2(0)$ 作为 T 的函数通过 Muliple Trapezoid 公式进行计算,其计算步长设为 0.1。然后用一维线搜索 0.618 法算得最优维护周期 $T^o = 0.4(a)$ 使得 $m_o(T^o)$ 达到最大。

4.6.2 仿真实验

为了评价本章方法的性能,给出了几组不同参数下的仿真实验。并将实验结果与 Mahmoud and Moshref(2010)[165] 方法在相同条件下进行了比较。在 Mahmoud and Moshref(2010)方法中,维修时间和维护时间都使用指数分布函数,与本章方法相同。然而,控制器的寿命分布被定义为 $F(t) = 1 - (1 + \lambda t)e^{-\lambda t}$,因此在实现 Mahmoud and Moshref (2010)方法时,将 $F(t)$ 重新定义为 $F(t) = 1 - e^{-(\lambda t)^\alpha}$。实验参数如表 4-1 所示。

表 4-1　本章方法与 Mahmoud and Moshref(2010)方法参数集

	本章方法参数				Mahmoud and Moshref(2010)方法参数						
	λ	α	μ	β	λ_1	α_1	λ_2	α_2	μ_1	μ_1	β
Set 1	1	3	2	5	1	3	1	3	2	2	5
Set 2	0.5	3	2	5	0.5	3	0.5	3	2	2	5

对表 4-1 中的参数进行必要的解释:参数 λ 对应 λ_1 和 λ_2,是 Weibull 分布中的形状参数;参数 α 对应 α_1 和 α_2,是 Weibull 分布中的尺度参数;形状参数和尺度参数共同决定了控制器的失效速率;参数 μ 对应 μ_1 和 μ_2,表示平均维修率;参数 β 表示平均维护率。因此在某一参数集中,对应参数取值相同。

在 Mahmoud and Moshref(2010)方法中,硬件失效和操作人员失误都会引起控制器失效。参数 μ_1 和 μ_2 分别代表对硬件失效和操作人员失误引起的控制器失效的平均维修率。在实际的复杂控制系统中,操作人员失误导致控制器失效这种情况很少发生,同时也是为了保证相同的测试条件。为此在实现 Mahmoud and Moshref(2010)方法时,将操作人员失误看作硬件失效,即参数 μ_2 被视为 μ_1。

图 4-4 和图 4-5 是本章方法与 Mahmoud and Moshref(2010)方法结果示意图。图中反映了 MTSF 随维护周期 T 的变化关系。从图的函数曲线对比中可以看出,在两组参数集下,本章方法所得 MTSF 都高于 Mahmoud and Moshref(2010)方法所得 MTSF。在第二组参数集下(如图 4-5 所示),本章方法所得的 MTSF 的最大值比 Mahmoud and Moshref (2010)方法高出 23.6%。可见在 MTSF 指标上,本章方法优于 Mahmoud and Moshref (2010)方法。另一方面,图 4-4 和图 4-5 在一定程度上也反映了 MTSF 与参数 λ、α、μ 和 β 之间的关系。从两组结果对比图中可以看出,在参数 μ 和 β 不变的情况下,MTSF 随 λ 和 α 的增加而减小,这与实际情况相吻合。

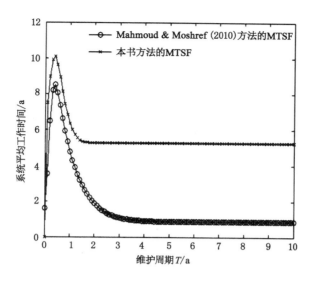

图 4-4　MTSF 随维护周期 T 的变化关系图（参数集 1）

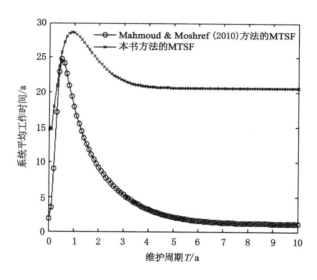

图 4-5　MTSF 随维护周期 T 的变化关系图（参数集 2）

4.7　本章小节

　　针对冗余控制系统维护效益问题，提出了基于半 Markov 过程和可再生点技术的优化维护方法。该方法分析了系统运行过程并计算出系统的半 Markov 核，最后以定理的形式给出了最优维护周期与系统失效前平均工作时间的关系。数值实例和仿真对比实验都证明了本章方法的有效性和优越性。

5 双储备系统冷/温/热储备模型的优化选择研究

5.1 引言

高可靠控制系统在现代工业的诸多领域中越来越重要,如航空航天、化工、核能、武器、生产制造等领域[168-170],实现控制系统高可靠性的一个主要手段是采用储备技术。目前,对于一些先进生产制造企业,具有双储备设备的控制系统已逐渐涌现并凸显其作用[171]。因此对这些双储备系统的可靠性和经济性等指标进行定量分析和优化具有重要的理论意义和实际价值。储备系统按照储备设备在系统运行时是否失效通常分为:冷储备系统、热储备系统和温储备系统[172,173]。冷储备系统是指系统运行过程中,储备设备不参与工作也不老化。对能耗要求极高的系统往往配成冷储备系统,如冶金系统、武器系统等[174]。热储备系统是运行设备和储备设备在相同的环境下工作,因此两种设备的失效率相同。热储备系统主要是对系统切换时间要求极高的系统,如网络打印机、飞机引擎等系统[175,176]。温储备系统是指储备设备在系统工作期间参与工作,但在温和的环境中工作其失效率小于运行设备。对需要平衡切换时间和能耗的系统大都配成温储备系统,如电力系统、存储系统、高性能计算系统和飞机控制系统等[177-180]。

对运行设备安装双储备设备是实现系统高可靠性的有效方法。在双储备系统冷/温/热三种储备模型中,选择哪种储备模型对系统性能指标和经济指标均有重要影响,因此本章对如何选择双储备系统的储备模型从而使系统性能最优或经济效益最大的问题进行研究具有现实意义。而现有研究成果很少涉及双储备系统储备模型的优化选择问题。为此,本章创新性地提出一种确定双储备系统最优储备模型的选择方法。分别建立系统冷/温/热储备模型,分析每个模型的系统状态及系统半 Markov 核函数,利用 Markov 更新方程、拉普拉斯变换以及拉普拉斯-Stieltjes 变换技术推导系统稳态可用度、稳态平均维修次数、维修人员忙期稳态概率以及冷储备模型的平均激活时间,并从经济角度给出系统单位时间内的净收益函数。最后分别以性能指标和经济指标作为研究目标,通过模型对比分析给出不同条件下的系统储备模型的优化选择算法,并对每个研究目标下的优化选择算法进行实例计算。计算结果表明以不同性能指标和不同成本作为参考得出的最优储备模型不尽相同,从而验证了所提方法能够有效地确定不同衡量标准下的系统最优储备模型。

5.2 系统冷储备模型分析

该模型下系统由三个同类型的设备组成,其中一个运行,另外两个冷储备(即储备期间设备既不失效也不老化）。令随机变量 X 表示设备在运行期间的寿命，Z 表示失效设备的维修时间。因为电子设备的寿命多服从指数分布或近似服从指数分布[181]，而失效设备的维修时间由多种因素决定，如维修人员的维修水平、失效设备的复杂程度以及维修工具的先进性等因素。因此维修时间往往不服从某一特定类型的分布[182]。所以设运行设备寿命服从参数为 λ 的指数分布 $F(\lambda,t)$，失效设备维修时间服从一般分 $G(t)$，即 $X \sim F(\lambda,t)$，$Z \sim G(t)$。经分析，此系统共有 6 个不同状态：

$$S_0 = (Op, Cs, Cs), \quad S_1 = (Fwr, Csa, Cs), \quad S_2 = (Fr, Op, Cs),$$
$$S_3 = (Fra, Fwr, Csa), \quad S_4 = (Fr, Fwr, Op), \quad S_5 = (FR, Fwr, Fwr)。$$

为了建立系统在再生状态下的更新方程，需要将这些状态进行状态划分。根据 $X \sim F(t,\lambda)$，$Z \sim G(t)$，通过分析已知，系统进入状态 S_0, S_1, S_2, S_3 和 S_4 的时刻均是系统的再生时刻（又称再生点），而进入状态 S_5 的时刻是非再生时刻。因此 S_0, S_1, S_2, S_3 和 S_4 是再生状态，S_5 是非再生状态（又称滑过状态）且是失效状态。状态之间的转移关系如图 5-1 所示：

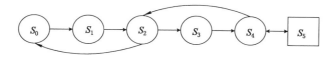

图 5-1   冷储备系统状态转移图

其中〇表示再生状态；□表示非再生状态；▨表示失效状态。

5.2.1   系统半 Markov 核函数

令 $X(t) = S_j$ 表示时刻 t 系统处于状态 S_j，T_n 表示系统第 n 次状态转移时刻，$Z_n = X(T_n + 0)$ 表示第 n 次转移时刻系统进入的状态，容易验证 $\{Z_n, T_n, n \in N\}$ 是状态空间 $E = \{S_j \mid j = 0, \cdots, 5\}$ 上的 Markov 更新过程，$\{X(t), t \geqslant 0\}$ 是半 Markov 过程。因此需对系统的半 Markov 核函数 $Q_{ij}(t)$，$i, j = 0, \cdots 5$ 进行分析，如图 5-1 所示。

（1）当系统处于 S_0 时，如果运行设备失效，则其中一个冷储备设备被立刻激活，此时系统转移至 S_1。因此 $Q_{01}(t)$ 可表示为：

$$Q_{01}(t) = P\{X < t\} = 1 - e^{-\lambda t} \tag{5-1}$$

（2）当系统处于 S_1 时，如果冷储备设备激活完成，则该设备进入运行状态，且失效设备进入维修状态。此时系统转移至 S_2。因此 $Q_{12}(t)$ 可表示为：

$$Q_{12}(t) = W(t) \tag{5-2}$$

（3）当系统处于 S_2 时，① 如果维修设备在运行设备失效前修好，则系统转移至 S_0。因此 $Q_{20}(t)$ 可表示为：

$$Q_{20}(t) = P\{X > Z, Z \leqslant t\} = \int_0^t e^{-\lambda u} dG(u) \tag{5-3}$$

② 反之，如果运行设备在维修设备修好前失效，则该设备进入等待维修状态且维修设备立刻暂停维修，冷储备设备被激活。此时系统转移至 S_3，因此 $Q_{23}(t)$ 可表示为：

$$Q_{23}(t) = P\{X < Z, X \leqslant t\} = \int_0^t \overline{G}(u) d(1 - e^{-\lambda u})$$
$$= \int_0^t \lambda e^{-\lambda u} \overline{G}(u) du \tag{5-4}$$

其中，$\bar{G}(\mu) = 1 - G(\mu)$。

（4）当系统处于 S_3 时，冷储备设备激活完成时，该设备进入运行状态，暂停维修的设备开始继续维修，此时系统转移至 S_4。因此 $Q_{34}(t)$ 可表示为：

$$Q_{34}(t) = W(t) \tag{5-5}$$

（5）当系统处于 S_4 时，① 如果维修设备在运行设备失效前修好，则修好后的设备进入冷储备状态，等待维修的设备开始维修，此时系统进入 S_2。因此 $Q_{42}(t)$ 可表示为：

$$Q_{42}(t) = P\{X > Z, Z \leqslant t\} = \int_0^t e^{-\lambda u} dG(u) \tag{5-6}$$

② 反之，如果运行设备在维修设备修好前失效，则系统转移至 S_5。因此 $Q_{45}(t)$ 可表示为：

$$Q_{45}(t) = P\{X < Z, X \leqslant t\} = \int_0^\infty \bar{G}(u) d(1 - e^{-\lambda u})$$
$$= \int_0^t \lambda e^{-\lambda u} \bar{G}(u) du \tag{5-7}$$

由于 S_5 是非再生状态，当正在维修设备修好后，系统将由 S_5 再次转移至 S_4。因此 $Q_{44}^{(5)}(t)$ 表示为：

$$Q_{44}^{(5)}(t) = P\{X < Z, Z \leqslant t\}$$
$$= \int_0^t (1 - e^{-\lambda u}) dG(u) \tag{5-8}$$

5.2.2 系统所有再生状态的平均逗留时间

令 μ_i 和 $F_i(t)$（$i = 0, 1, 2, 3, 4$）分别表示系统在状态 S_i 的平均逗留时间和概率分布函数。令 $P_i(t)$ 表示系统在状态 S_i 的存活函数，即 $P_i(t) = 1 - F_i(t) = \bar{F}_i(t)$。对每个状态的平均逗留时间 μ_i 进行分析可得：

$$\mu_0 = \int_0^\infty t dF_0(t) = \int_0^\infty P_0(t) dt = \int_0^\infty P\{X_1 > t\} dt = \int_0^\infty e^{-\lambda t} dt = \frac{1}{\lambda} \tag{5-9}$$

$$\mu_1 = \mu_3 = \int_0^\infty P_1(t) dt = \int_0^\infty \bar{W}(t) dt \tag{5-10}$$

其中，$\bar{W}(t) = 1 - W(t)$。

$$\mu_2 = \mu_4 = \int_0^\infty P_2(t) dt = \int_0^\infty P\{Z > t, X > t\} dt = \int_0^\infty e^{-\lambda t} \bar{G}(t) dt \tag{5-11}$$

5.2.3 系统性能指标

对系统稳态可用度、维修人员忙期稳态概率以及系统稳态平均维修次数三个性能指标进行分析。

5.2.3.1 系统稳态可用度

设当前时刻系统处于状态 S_0，经过时间 t 后，根据系统状态是否发生变化，存在两种情况：① 如果没有发生变化，即系统依然停留在 S_0，此种情况可表示为 $P\{X \geqslant t\}$。此时系统的瞬时可用度为 $A_0(t) = P\{X \geqslant t\} \cdot 1 = P\{X \geqslant t\}$。② 如果系统状态发生变化，如图 5-1 所示，系统只能转移到 S_1。此时根据 Markov 更新理论，系统瞬时可用度为：

$$A_0(t) = \int_0^t A_1(t-u)\,\mathrm{d}Q_{01}(u) = Q_{01}(t) * A_1(t) \tag{5-12}$$

其中,符号 $*$ 表示卷积运算符。根据概率加法原理可得:$A_0(t) = Q_{01}(t) * A_1(t) + P\{X \geqslant t\}$。同理可得系统在其余再生状态 $S_1 S_2 S_3 S_4$ 下的瞬时可用度更新方程。从而系统瞬时可用度的更新方程组为:

$$\begin{cases} A_0(t) = Q_{01}(t) * A_1(t) + P\{X \geqslant t\} \\ A_1(t) = Q_{12}(t) * A_2(t) \\ A_2(t) = Q_{20}(t) * A_0(t) + Q_{23}(t) * A_3(t) + P\{X \geqslant t, Z \geqslant t\} \\ A_3(t) = Q_{34}(t) * A_4(t) \\ A_4(t) = Q_{42}(t) * A_2(t) + Q_{44}^{(5)}(t) * A_4(t) + P\{X \geqslant t, Z \geqslant t\} \end{cases} \tag{5-13}$$

对式(5-13)进行拉普拉斯变换得:

$$\begin{cases} A_0^*(s) = \hat{Q}_{01}(s) A_1^*(s) + \dfrac{1}{\lambda + s} \\ A_1^*(s) = \hat{Q}_{12}(s) A_2^*(s) \\ A_2^*(s) = \hat{Q}_{20}(s) A_0^*(s) + \hat{Q}_{23}(s) A_3^*(s) + \bar{G}^*(\lambda + s) \\ A_3^*(s) = \hat{Q}_{34}(s) A_4^*(s) \\ A_4^*(s) = \hat{Q}_{42}(s) A_2^*(s) + \hat{Q}_{44}^{(5)}(s) A_4^*(s) + \bar{G}^*(\lambda + s) \end{cases} \tag{5-14}$$

解式(5-14)可得:

$$A_0^*(s) = \frac{(\lambda+s)G^*(\lambda+s)\hat{Q}_{01}(s)\hat{Q}_{12}(s)(1-\hat{Q}_{44}^{(5)}(s)+\hat{Q}_{23}(s)\hat{Q}_{34}(s))+1-\hat{Q}_{44}^{(5)}(s)-\hat{Q}_{23}(s)\hat{Q}_{34}(s)\hat{Q}_{42}(s)}{(\lambda+s)\left[(1-\hat{Q}_{01}(s)\hat{Q}_{12}(s)\hat{Q}_{20}(s))(1-\hat{Q}_{44}^{(5)}(s))-\hat{Q}_{23}(s)\hat{Q}_{34}(s)\hat{Q}_{42}(s)\right]}$$

$$\tag{5-15}$$

根据 Abel 定理,系统稳态可用度为:

$$\bar{A}_1 = \lim_{t \to \infty} \frac{A_0(t)}{t} = \lim_{s \to 0} s A_0^*(s) = \frac{N_A}{D} \tag{5-16}$$

其中,$N_A = p_{42}\,p_{20}\,\mu_0 + p_{42}\,\mu_2 + p_{23}\,\mu_4$,$D = p_{42}\,p_{20}\,(\mu_0 + \mu_1) + p_{42}\,\mu_2 + p_{23}\,p_{42}\,\mu_3 + p_{23}\,\mu_4$,$p_{ij} = \lim_{t \to \infty} Q_{ij}(t)$。

5.2.3.2 维修人员稳态忙期概率

与 5.5.1 节类似,首先建立维修人员在 t 时刻忙期的瞬时概率更新方程组:

$$\begin{cases} B_0(t) = Q_{01}(t) * B_1(t) \\ B_1(t) = Q_{12}(t) * B_2(t) \\ B_2(t) = Q_{20}(t) * B_0(t) + Q_{23}(t) * B_3(t) + P\{X \geqslant t, Z \geqslant t\} \\ B_3(t) = Q_{34}(t) * B_4(t) \\ B_4(t) = P\{X \geqslant t, Z \geqslant t\} + Q_{42}(t) * B_2(t) + Q_{44}^{(5)}(t) * B_4(t) + P\{X < t, Z \geqslant t\} \end{cases} \tag{5-17}$$

对式(5-17)进行拉普拉斯变换得:

$$\begin{cases} B_0^*(s) = \hat{Q}_{01}(s)B_1^*(s) \\ B_1^*(s) = \hat{Q}_{12}(s)B_2^*(s) \\ B_2^*(s) = \hat{Q}_{20}(s)B_0^*(s) + \hat{Q}_{23}(s)B_3^*(s) + \bar{G}^*(\lambda+s) \\ B_3^*(s) = \hat{Q}_{34}(s)B_4^*(s) \\ B_4^*(s) = \hat{Q}_{42}(s)B_2^*(s) + \hat{Q}_{44}^{(5)}(s)B_4^*(s) + \bar{G}^*(s) \end{cases} \tag{5-18}$$

解式(5-18)可得:

$$B_0^*(s) = \frac{Q_{01}(s)(G^*(\lambda+s)\hat{Q}_{12}(s) - G^*(\lambda+s)\hat{Q}_{12}(s)\hat{Q}_{44}^{(5)}(s) + G^*(s)\hat{Q}_{12}(s)\hat{Q}_{23}(s)\hat{Q}_{34}(s))}{(1-\hat{Q}_{01}(s)\hat{Q}_{12}(s)\hat{Q}_{20}(s))(1-\hat{Q}_{44}^{(5)}(s)) - \hat{Q}_{23}(s)\hat{Q}_{34}(s)\hat{Q}_{42}(s)} \tag{5-19}$$

根据 Abel 定理,维修人员稳态忙期概率为:

$$\bar{B}_1 = \lim_{t\to\infty} \frac{B_0(t)}{t} = \lim_{s\to0} sB_0^*(s) = \frac{N_B}{D} \tag{5-20}$$

其中,$N_B = p_{23}\int_0^\infty t\mathrm{d}G(t) + p_{42}\mu_2$。

5.2.3.3 系统稳态平均维修次数

同理,建立系统在$(0,t]$时间内维修次数的更新方程组:

$$\begin{cases} V_0(t) = Q_{01}(t) * V_1(t) \\ V_1(t) = Q_{12}(t) * [V_2(t)+1] \\ V_2(t) = Q_{20}(t) * V_0(t) + Q_{23}(t) * V_3(t) \\ V_3(t) = Q_{34}(t) * [V_4(t)+1] \\ V_4(t) = Q_{42}(t) * [V_2(t)+1] + Q_{44}^{(5)}(t) * [V_4(t)+1] \end{cases} \tag{5-21}$$

对式(5-21)进行拉普拉斯-Stieltjes 变换得:

$$\begin{cases} \hat{V}_0(s) = \hat{Q}_{01}(s)\hat{V}_1(s) \\ \hat{V}_1(s) = \hat{Q}_{12}(s)\hat{V}_2(s) + \hat{Q}_{12}(s) \\ \hat{V}_2(s) = \hat{Q}_{20}(s)\hat{V}_0(s) + \hat{Q}_{23}(s)\hat{V}_3(s) \\ \hat{V}_3(s) = \hat{Q}_{34}(s)\hat{V}_4(s) + \hat{Q}_{34}(s) \\ \hat{V}_4(s) = \hat{Q}_{42}(s)\hat{V}_2(s) + \hat{Q}_{44}^{(5)}(s)\hat{V}_4(s) + \hat{Q}_{42}(s) + \hat{Q}_{44}^{(5)}(s) \end{cases} \tag{5-22}$$

解式(5-22)可得:

$$\hat{V}_0(s) = \frac{\hat{Q}_{01}(s)(\hat{Q}_{12}(s) - \hat{Q}_{12}(s)\hat{Q}_{44}^{(5)}(s) + \hat{Q}_{12}(s)\hat{Q}_{23}(s)\hat{Q}_{34}(s))}{(1-\hat{Q}_{01}(s)\hat{Q}_{12}(s)\hat{Q}_{20}(s))(1-\hat{Q}_{44}^{(5)}(s)) - \hat{Q}_{23}(s)\hat{Q}_{34}(s)\hat{Q}_{42}(s)} \tag{5-23}$$

根据 Abel 定理,可得系统稳态平均维修次数为:

$$\bar{V}_1 = \lim_{t\to\infty} \frac{V_0(t)}{t} = \lim_{s\to0} s\hat{V}_0(s) = \frac{N_V}{D} \tag{5-24}$$

其中,$N_V = p_{23} + p_{42}$。

5.2.3.4 系统稳态激活概率

建立系统在 t 时刻的激活概率更新方程组：

$$\begin{cases} \omega_0(t) = Q_{01}(t) * \omega_1(t) \\ \omega_1(t) = \overline{W}(t) + Q_{12}(t) * \omega_2(t) \\ \omega_2(t) = Q_{20}(t) * \omega_0(t) + Q_{23}(t) * \omega_3(t) \\ \omega_3(t) = \overline{W}(t) + Q_{34}(t) * \omega_4(t) \\ \omega_4(t) = Q_{42}(t) * \omega_2(t) + Q_{44}^{(5)}(t) * \omega_4(t) \end{cases} \tag{5-25}$$

对式(5-25)进行拉普拉斯变换得：

$$\begin{cases} \omega_0^*(s) = \hat{Q}_{01}(s)\omega_1^*(s) \\ \omega_1^*(s) = \overline{W}^*(s) + \hat{Q}_{12}(s)\omega_2^*(s) \\ \omega_2^*(s) = \hat{Q}_{20}(s)\omega_0^*(s) + \hat{Q}_{23}(s)\omega_3^*(s) \\ \omega_3^*(s) = \overline{W}^*(s) + \hat{Q}_{34}(s)\omega_4^*(s) \\ \omega_4^*(s) = \hat{Q}_{42}(s)\omega_2^*(s) + \hat{Q}_{44}^{(5)}(s)\omega_4^*(s) \end{cases} \tag{5-26}$$

解式(5-26)可得：

$$\omega_0^*(s) = \frac{\hat{Q}_{01}(s)\overline{W}^*(s)(1 + \hat{Q}_{12}(s)\hat{Q}_{23}(s)(1 + \hat{Q}_{44}^{(5)}(s)) - \hat{Q}_{44}^{(5)}(s) - \hat{Q}_{23}(s)\hat{Q}_{34}(s)\hat{Q}_{42}(s))}{(1 - \hat{Q}_{01}(s)\hat{Q}_{12}(s)\hat{Q}_{20}(s))(1 - \hat{Q}_{44}^{(5)}(s)) - \hat{Q}_{23}(s)\hat{Q}_{34}(s)\hat{Q}_{42}(s)}$$

$$\tag{5-27}$$

根据 Abel 定理，系统稳态激活概率为：

$$\overline{\omega}_1 = \lim_{t \to \infty} \frac{\omega_0(t)}{t} = \lim_{s \to 0} s\omega_0^*(s) = \frac{N_\omega}{D} \tag{5-28}$$

其中，$N_\omega = p_{01} p_{42}(p_{23} + p_{20})\mu_1$。

5.2.4 系统单位时间内产生的经济效益

系统单位时间内的经济效益 Θ_1 等于系统的运行收益减去设备的维修费用、支付给维修人员的费用、系统激活期间的停工费用以及系统的安装费用。因此

$$\Theta_1 = c_0\overline{A}_1 - c_1\overline{B}_1 - c_2\overline{V}_1 - c_3\overline{\omega}_1 - 3I \tag{5-29}$$

式中，c_0，c_1，c_2 和 c_3 分别表示系统单位时间内的运行收益、设备维修费用、支付给维修人员的费用、停工费用。

5.3 系统温储备模型分析

该模型下系统由三个同类型的设备组成，其中一个设备运行，另外两个设备温储备（即储备设备在温和的环境下运行，其失效率低于运行设备）。令随机变量 $X_i(i=1,2,3)$ 表示第 i 个设备在运行期间的寿命，Y_i 表示第 i 个设备在储备期间的寿命，Z_i 表示第 i 个设备失效后的维修时间，$F(t,\lambda)$ 表示参数为 λ 的指数分布，$G(t)$ 和 $G_1(t)$ 表示一般分布。假设运行

设备和温备份设备的寿命分别服从参数为 λ 和 λ_1 的指数分布,即 $X_i \sim F(t,\lambda)$,$Y_i \sim F(t,\lambda_1)$。运行设备和温备份设备失效后的维修时间均服从一般分布,但实际系统中这两种维修时间往往不同,需要分别考虑。因此,如果 Z_i 是运行设备失效后的维修时间,则 $Z_i \sim G(t)$。反之,如果 Z_i 是温储备设备失效后的维修时间,则 $Z_i \sim G_1(t)$。为了便于描述模型,进一步假设:

(1) X_1,X_2,X_3,Y_1,Y_2 相互独立。

(2) 系统不同状态之间的转移是瞬时的。

(3) 设备失效后,如果没有其他设备正在维修,则维修人员立刻对该设备进行维修。否则,该设备进入等待状态直到其他设备维修完成。设备修复后,其寿命分布像新的设备一样。

经分析可得系统共有 12 个状态:

$S_0 = (Op,Ws,Ws)$,$S_1 = (Op,Fr1,Ws)$,$S_2 = (Fr,Op,Ws)$,$S_3 = (Op,FR1,Fwr1)$,$S_4 = (Fwr,FR1,Op)$,$S_5 = (Fwr,FR1,Fwr1)$,$S_6 = (Fwr,FR1,Fwr)$,$S_7 = (Fr,Op,Fwr)$,$S_8 = (FR,Fwr,Fwr)$,$S_9 = (FR,Fwr,Op)$,$S_{10} = (FR,Op,Fwr1)$,$S_{11} = (FR,Fwr,Fwr1)$,$S_{12} = (Op,Fwr,Fr1)$。

与冷储备模型分析过程相同,经分析可得:S_0,S_1,S_2,S_7 和 S_{12} 是再生状态;S_3,S_4,S_5,S_6,S_8,S_9,S_{10} 和 S_{11} 是非再生状态;S_5,S_6,S_8 和 S_{11} 是失效状态。状态之间的转移关系如图 5-2 所示。

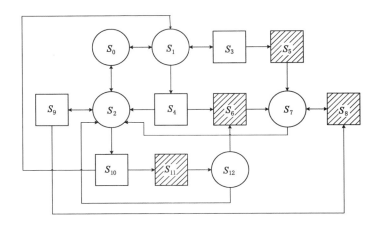

图 5-2　温储备系统状态转移图

5.3.1　系统半 Markov 核函数

经分析可得温储备模型下系统所有半 Markov 核函数如下(具体分析过程见附录Ⅰ):

$$Q_{01}(t) = \int_0^t 2\lambda_1 e^{-(\lambda+2\lambda_1)u}\,\mathrm{d}u,\ Q_{02}(t) = \int_0^t \lambda e^{-(\lambda+2\lambda_1)u}\,\mathrm{d}u,\ Q_{10}(t) = \int_0^t e^{-(\lambda+\lambda_1)u}\,\mathrm{d}G_1(u)$$

$$Q_{11}^{(3)}(t) = \int_0^t e^{-\lambda u}(1-e^{-\lambda_1 u})\,\mathrm{d}G_1(u),\ Q_{15}^{(3)}(t) = \int_0^t (\lambda_1 e^{-(\lambda+\lambda_1)u} * \lambda e^{-\lambda u})\overline{G}_1(u)\,\mathrm{d}u,$$

$$Q_{17}^{(3,5)}(t) = \int_0^t (\lambda_1 e^{-(\lambda+\lambda_1)u} * \lambda e^{-\lambda u} * 1)\,\mathrm{d}G_1(u),\ Q_{12}^{(4)}(t) = \int_0^t (\lambda e^{-(\lambda+\lambda_1)u} * e^{-\lambda u})\,\mathrm{d}G_1(u)$$

$$Q_{16}^{(4)}(t) = \int_0^t (\lambda e^{-(\lambda+\lambda_1)u} * \lambda e^{-\lambda u})\overline{G}_1(u)\,\mathrm{d}u,\ Q_{17}^{(4,6)}(t) = \int_0^t (\lambda e^{-(\lambda+\lambda_1)u} * \lambda e^{-\lambda u} * 1)\,\mathrm{d}G_1(u)$$

$$Q_{20}(t) = \int_0^t e^{-(\lambda+\lambda_1)u} dG(u), Q_{21}^{(10)}(t) = \int_0^t (\lambda_1 e^{-(\lambda+\lambda_1)u} * e^{-\lambda u}) dG(u), Q_{2,11}^{(10)}(t) = \int_0^t (\lambda_1 e^{-(\lambda+\lambda_1)u} * \lambda e^{-\lambda u}) \overline{G}(u) du$$

$$Q_{2,12}^{(10,11)}(t) = \int_0^t (\lambda_1 e^{-(\lambda+\lambda_1)u} * \lambda e^{-\lambda u} * 1) dG(u), Q_{22}^{(9)}(t) = \int_0^t (\lambda e^{-(\lambda+\lambda_1)u} * e^{-\lambda u}) dG(u)$$

$$Q_{2,7}^{(9,8)}(t) = \int_0^t (\lambda e^{-(\lambda+\lambda_1)u} * \lambda e^{-\lambda u} * 1) dG(u), Q_{72}(t) = \int_0^t e^{-\lambda u} dG(u)$$

$$Q_{77}^{(8)}(t) = \int_0^t (\lambda e^{-\lambda u} * 1) dG(u), Q_{12,2}(t) = \int_0^t e^{-\lambda u} dG_1(u), Q_{12,7}^{(6)}(t) = \int_0^t (\lambda e^{-\lambda u} * 1) dG_1(u)$$

5.3.2 系统在所有再生状态的平均逗留时间

与 5.2.2 节类似,经分析可得系统在每个再生状态的平均逗留时间 $\mu_i (i=0,1,2,7,12)$ 为(具体分析过程见附录Ⅱ):

$$\mu_0 = \frac{1}{\lambda+2\lambda_1}; \mu_1 = \frac{1-g_1^*(\lambda+\lambda_1)}{\lambda+\lambda_1}; \mu_2 = \frac{1-g^*(\lambda+\lambda_1)}{\lambda+\lambda_1}; \mu_7 = \frac{1-g^*(\lambda)}{\lambda}; \mu_{12} = \frac{1-g_1^*(\lambda)}{\lambda}$$

5.3.3 系统性能指标

此节对系统的稳态可用度、维修人员稳态忙期概率以及系统稳态平均维修次数三个性能指标进行分析。

5.3.3.1 系统稳态可用度

与 5.2.3.1 节类似,经分析可得系统稳态可用度为:

$$\overline{A}_2 = \lim_{s \to 0} \frac{sN_1(s)}{D_1(s)} \tag{5-30}$$

其中,$D_1(s)$ 和 $N_1(s)$ 分别为:

$$D_1(s) = \begin{vmatrix} 1 & -\hat{Q}_{01}(s) & -\hat{Q}_{02}(s) & 0 & 0 \\ -\hat{Q}_{10}(s) & 1-\hat{Q}_{11}^{(3)}(s) & -\hat{Q}_{12}^{(4)}(s) & -\hat{Q}_{17}^{(35)}(s)-\hat{Q}_{17}^{(46)}(s) & 0 \\ -\hat{Q}_{20}(s) & -\hat{Q}_{21}^{(10)}(s) & 1-\hat{Q}_{22}^{(9)}(s) & -\hat{Q}_{27}^{(98)}(s) & -\hat{Q}_{2,12}^{(10,11)}(s) \\ 0 & 0 & -\hat{Q}_{72}(s) & 1-\hat{Q}_{77}^{(8)}(s) & 0 \\ 0 & 0 & -\hat{Q}_{12,2}(s) & -\hat{Q}_{12,7}^{(6)}(s) & 1 \end{vmatrix}$$

$$N_1(s) = \begin{vmatrix} \dfrac{1}{s+\lambda+2\lambda_1} & -\hat{Q}_{01}(s) & -\hat{Q}_{02}(s) & 0 & 0 \\ \dfrac{1-\hat{G}_1(s+\lambda+\lambda_1)}{s+\lambda+\lambda_1} & 1-\hat{Q}_{11}^{(3)}(s) & -\hat{Q}_{12}^{(4)}(s) & -\hat{Q}_{17}^{(35)}(s)-\hat{Q}_{17}^{(46)}(s) & 0 \\ \dfrac{1-\hat{G}(s+\lambda+\lambda_1)}{s+\lambda+\lambda_1} & -\hat{Q}_{21}^{(10)}(s) & 1-\hat{Q}_{22}^{(9)}(s) & -\hat{Q}_{17}^{(98)}(s) & -\hat{Q}_{2,12}^{(10,11)}(s) \\ \dfrac{1-\hat{G}(s+\lambda)}{s+\lambda} & 0 & -\hat{Q}_{72}(s) & 1-\hat{Q}_{77}^{(8)}(s) & 0 \\ \dfrac{1-\hat{G}_1(s+\lambda)}{s+\lambda} & 0 & -\hat{Q}_{12,2}(s) & -\hat{Q}_{12,7}^{(6)}(s) & 1 \end{vmatrix}$$

5.3.3.2 维修人员稳态忙期概率

与 5.2.3.2 节类似,经分析可得维修人员稳态忙期概率为:

$$\bar{B}_2 = \frac{sN_2(s)}{D_1(s)} \tag{5-31}$$

其中,$N_2(s)$ 为:

$$N_2(s) = \begin{vmatrix} 0 & -\hat{Q}_{01}(s) & -\hat{Q}_{02}(s) & 0 & 0 \\ \dfrac{1-\hat{G}_1(s+\lambda+\lambda_1)}{s+\lambda+\lambda_1} & 1-\hat{Q}_{11}^{(3)}(s) & -\hat{Q}_{12}^{(4)}(s) & -\hat{Q}_{17}^{(35)}(s)-\hat{Q}_{17}^{(46)}(s) & 0 \\ \dfrac{1-\hat{G}(s+\lambda+\lambda_1)}{s+\lambda+\lambda_1} & -\hat{Q}_{21}^{(10)}(s) & 1-\hat{Q}_{22}^{(9)}(s) & -\hat{Q}_{17}^{(98)}(s) & -\hat{Q}_{2,12}^{(10,11)}(s) \\ \dfrac{1-\hat{G}(s+\lambda)}{s+\lambda} & 0 & -\hat{Q}_{72}(s) & 1-\hat{Q}_{77}^{(8)}(s) & 0 \\ \dfrac{1-\hat{G}_1(s+\lambda)}{s+\lambda} & 0 & -\hat{Q}_{12,2}(s) & -\hat{Q}_{12,7}^{(6)}(s) & 1 \end{vmatrix}$$

5.3.3.3 系统稳态平均维修次数

与 5.2.3.3 节类似,经分析可得系统稳态平均维修次数为:

$$\bar{V}_2 = \frac{sN_3(s)}{D_1(s)} \tag{5-32}$$

其中,$N_3(s)$ 为:

$$N_3(s) = \begin{vmatrix} \varphi_0(s) & -\hat{Q}_{01}(s) & -\hat{Q}_{02}(s) & 0 & 0 \\ \varphi_1(s) & 1-\hat{Q}_{11}^{(3)}(s) & -\hat{Q}_{12}^{(4)}(s) & -\hat{Q}_{17}^{(35)}(s)-\hat{Q}_{17}^{(46)}(s) & 0 \\ \varphi_2(s) & -\hat{Q}_{21}^{(10)}(s) & 1-\hat{Q}_{22}^{(9)}(s) & -\hat{Q}_{17}^{(98)}(s) & -\hat{Q}_{2,12}^{(10,11)}(s) \\ \varphi_7(s) & 0 & -\hat{Q}_{72}(s) & 1-\hat{Q}_{77}^{(8)}(s) & 0 \\ \varphi_{12}(s) & 0 & -\hat{Q}_{12,2}(s) & -\hat{Q}_{12,7}^{(6)}(s) & 1 \end{vmatrix}$$

$$\varphi_0(s) = \hat{Q}_{01}(s)+\hat{Q}_{02}(s),\ \varphi_1(s)=\hat{Q}_{11}^{(3)}(s)+\hat{Q}_{12}^{(4)}(s)+\hat{Q}_{17}^{(35)}(s)+\hat{Q}_{17}^{46}(s),$$

$$\varphi_2(s) = \hat{Q}_{21}^{(10)}(s)+\hat{Q}_{22}^{(9)}(s)+\hat{Q}_{27}^{(98)}(s)+\hat{Q}_{2,12}^{(10,11)}(s),\ \varphi_7(s)=\hat{Q}_{72}(s)+\hat{Q}_{77}^{(8)}(s),$$

$$\varphi_{12}(s) = \hat{Q}_{12,2}(s)+\hat{Q}_{12,7}^{(6)}(s)$$

5.3.4 系统单位时间内产生的经济收益

与 5.2.4 节类似,温储备系统单位时间内产生的经济效益 Θ_2 可表示为:

$$\Theta_2 = c_4\bar{A}_2 - c_5\bar{B}_2 - c_6\bar{V}_2 - 3I \tag{5-33}$$

其中,参数 c_4,c_5 和 c_6 的含义与分别与式(5-29)中的 c_0,c_1 和 c_2 相同。

5.4 系统热储备模型分析

双储备设备下热储备系统实质上是三个设备以并联的方式工作。该模型中不考虑某个设备失效后负载均衡对其他运行设备失效率造成的影响。因此三个设备的失效率和维修率均视为相同。实际上,该模型的分析方法与温储备系统模型的分析方法相同,在分析过程中只需令$\lambda_1=\lambda,\beta_1=\beta$即可。因此,该模型的分析过程略。下面只给出系统单位时间内的净收益函数:

$$\Theta_3 = c_7\bar{A}_3 - c_8\bar{B}_3 - c_9\bar{V}_3 - 3I \tag{5-34}$$

其中,参数c_7,c_8和c_9的含义分别与式(5-29)中的c_0,c_1和c_2相同。

5.5 系统冷/温/热储备模型优化选择算法

从系统性能指标,即稳态可用度、维修人员稳态忙期概率、系统稳态平均维修次数,和经济指标即系统单位时间内净收益两个方面,分别给出双储备系统冷/温/热储备模型的优化选择算法。

算法 5.1 以系统性能为目标的双储备系统冷/温/热储备模型优化选择算法。

输入:参数$\lambda,\lambda_1,\beta,\beta_1,\gamma,\sigma$,某系统性能指标。

输出:该性能指标下的最优储备模型。

算法流程:

Step 1 初始化参数$\lambda,\lambda_1,\beta,\beta_1,\gamma,\sigma$;定义数组类型变量 Models 并初始化 Models=["冷储备","温储备","热储备"];初始化循环变量$i=0$;

Step 2 While $i<3$

    Step 2.1 计算 models[i]模型下的所有半 Markov 核函数$Q_{ij}^{(k)}(t)$。

    Step 2.2 计算 models[i]模型下的每个状态的平均逗留时间μ_i。

    Step 2.3 根据$Q_{ij}^{(k)}(t)$和μ_i建立系统该性能指标下的瞬时更新方程组。

    Step 2.4 对瞬时更新方程组进行拉普拉斯或拉普拉斯-Stieltjes 变换并进行求解,得到该性能指标的表达式:A_i,B_i或V_i。

    Step 2.5 更新循环变量$i\leftarrow i+1$。

    End while

Step 3 将参数$\lambda,\lambda_1,\beta,\beta_1,\gamma,\sigma$带入$\bar{A}_i,\bar{B}_i$或$\bar{V}_i$并计算结果。

Step 4 通过结果比较,输出该性能指标下$\bar{A}_i,\bar{B}_i$或$\bar{V}_i$最优值对应的储备模型。

算法 5.2 以系统单位时间净收益为目标的双储备系统冷/温/热储备模型优化选择算法。

输入:参数$\lambda,\lambda_1,\beta,\beta_1,\gamma,\sigma,c_i(i=0,\cdots,9),I$。

输出:以系统单位时间净收益为目标的系统最优储备模型。

算法流程:

Step 1 初始化参数$\lambda,\lambda_1,\beta,\beta_1,\gamma,\sigma,c_i(i=0,1,\cdots9),I$。

Step 2 令系统性能指标分别为稳态可用度、维修人员稳态忙期概率、系统稳态平均维修次数,并将其与参数 $\lambda,\lambda_1,\beta,\beta_1,\gamma,\sigma$ 代入算法 5.1,分别得到 A_i,B_i 和 $V_i(i=0,1,2)$。

Step 3   将参数 $c_i(i=1,\cdots,9),I$ 以及计算结果 $\overline{A_i},\overline{B_i},\overline{V_i}(i=1,2,3)$ 分别带入 Θ_1,Θ_2 和 Θ_3。

Step 4   分别以系统单位时间内运行收益、设备维修费用、支付给维修人员费用为研究对象,建立不等式:

情况(A):

$\Theta_1 \geqslant \max(\Theta_2,\Theta_3)$(对应冷储备模型最优),

情况(B):

$\Theta_2 \geqslant \max(\Theta_1,\Theta_3)$(对应温储备模型最优),

情况(C):

$\Theta_3 \geqslant \max(\Theta_1,\Theta_2)$(对应热储备模型最优)。

Step 5   求解 Step 4 中的不等式,在参数取值范围内如果不等式有解,则输出相应研究对象下该不等式对应的最优储备模型。

5.6   实例分析

以实际的双储备 PLC 控制系统(如图 5-3 所示)为研究对象,进行实例分析。从系统性能指标,即系统稳态可用度、维修人员稳态忙期概率、系统稳态平均维修次数和经济指标即系统单位时间内净收益几个方面,对系统储备模型优化算法的输入参数进行假设。

图 5-3   双储备冗余控制系统

为了给出合理的参数假设,首先对图 5-3 所示的系统进行简要描述。该 PLC 控制系统是我国某自动化厂商自主研制的高可靠双储备控制系统。系统中每个 PLC 设备经过加速寿命测试后得到平均工作寿命约为 1 800 天,因此运行设备的平均失效率设为 $\lambda=0.000\,55$(个/天)。温储备设备失效率与工作环境有关,设其为 $\lambda_1 \in [0.000\,01,0.000\,55]$(个/天)。维修时间一般服从指数分布,即 $G(t)=1-\mathrm{e}^{-\beta},G_1(t)=1-\mathrm{e}^{-\beta_1 t}$。其中参数 β,β_1 分别表示运行设备和温储备设备失效后的平均维修率。实际上,设备失效后需要返厂、检测、维修、测试、现场安装调试、重新运行等环节。因此根据设备历史维修数据可得运行设备失效后从返厂到重新运行约为 7—30 d,温储备设备约为 5—15 d。因此,设 $\beta \in [0.03,0.14]$(个/d),$\beta_1 = [0.067,0.2]$(个/d)。该系统如果配成冷储备模式,则当运行设备失效后,冷储备设备能够自动上电并上载控制程序以及导入设备失效前的数据,整个激活过程需要 3 min 左右。

通过对历史激活数据的统计分析可得储备设备激活时间服从正态分布,即

$$W(t) = \frac{1}{\sqrt{2\pi}\sigma}\exp\left(-\frac{(\gamma-t)^2}{2\sigma^2}\right)$$

其中,参数 γ 和 σ 分别代表均值和方差。因此设 $\gamma=0.0021,\mathrm{d};\sigma=0.0007$。

5.6.1 以系统性能为目标的实例分析

5.6.1.1 以稳态可用度为目标的实例分析

令 $\lambda=0.00055,\lambda_1=0.00011,\beta=0.05,\beta_1=0.1,\gamma=0.0021,\sigma=0.0007$,系统性能指标为稳态可用度。将这些参数代入算法 5.1,在 Matlab(2014b)环境下运行算法 5.1(公式推导部分利用 Matlab 的符号计算),其计算结果如表 5-1 所示。

表 5-1　系统稳态可用度

系统模型	模型 I	模型 II	模型 III
$\overline{A}_i$	1.0000	0.9967	0.9845

由表 5-1 可知,$\overline{A}_1 > \overline{A}_2 > \overline{A}_3$。因此以系统稳态可用度为目标时,算法 5.1 输出为:冷储备是最优储备模型。由于温储备设备的失效率与其工作环境有关,因此属于可变参数,为了研究该参数对系统稳态可用度的影响,令 λ_1 从 0.00001 变化到 0.00055,步长为 0.00001,其他参数不变。将这些参数重新代入算法 5.1,其计算结果如图 5-4 所示。

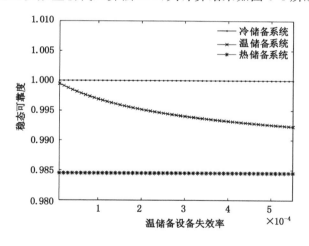

图 5-4　对三个模型的稳态可用度的影响

由图 5-4 可知,温储备系统的稳态可用度随 λ_1 的增加而降低。$\forall\lambda_1 \in [0.00001,0.00055]$,温储备系统的稳态可用度均小于冷储备系统,但均大于热储备系统。可见,温储备设备的失效率对温储备系统稳态可用度有一定影响,但对算法 5.1 输出结果即最优储备模型没有影响。

5.6.1.2 以维修人员忙期稳态概率为目标的实例分析

参数 $\lambda,\lambda_1,\beta,\beta_1,\gamma,\sigma$ 取值与 5.6.1.1 节相同,系统系能指标为维修人员忙期稳态概率。将这些参数代入算法 5.1。其计算结果如表 5-2 所示。

表 5-2   维修人员忙期稳态概率

系统模型	模型 I	模型 II	模型 III
$\overline{B}_i$	0.011 0	0.013 1	0.032 3

由表 5-2 可知，$\overline{B}_1 < \overline{B}_2 < \overline{B}_3$。因此以维修人员稳态忙期概率为目标时，算法 5.1 输出结果为：冷储备是最优储备模型。实际上，运行设备和温储备设备失效后的维修率（即参数 β，β_1）对维修人员稳态忙期概率有直接影响，因此另 $\beta \in [0.03, 0.14]$，$\beta_1 = [0.067, 0.2]$，两个参数的变化步长均设为 0.005，其他参数不变，研究 β 对 $\overline{B}_1$，$\overline{B}_3$ 的影响以及 β，β_1 对 $\overline{B}_2$ 的影响。其结果分别如图 5-5 和图 5-6 所示：

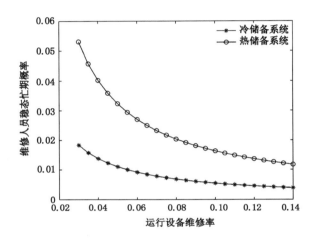

图 5-5   运行设备维修率对冷、热储备系统中维修人员稳态忙期概率的影响

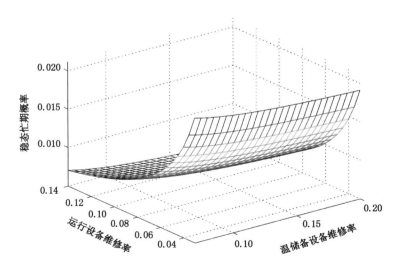

图 5-6   运行设备和温储备的维修率对温储备系统中维修人员稳态忙期概率的影响

由图 5-5 可知,在参数 β 的取值范围内变化时,$\overline{B_1}$ 均小于 $\overline{B_3}$。说明以维修人员稳态忙期概率为目标时,算法 5.1 输出是:冷储备是最优储备模型。由图 5-6 可知,$\overline{B_2}$ 随 β,β_1 的增大呈非线性减小。从数值计算结果可知:当 β 取值相同时,$\overline{B_1}<\overline{B_2}<\overline{B_3}$ 总成立。说明在相同的运行设备维修率下,算法 5.1 输出依然是:冷储备是最优储备模型。

5.6.1.3   以系统稳态平均维修次数为目标的实例分析

参数 $\lambda,\lambda_1,\beta,\beta_1,\gamma,\sigma$ 取值与 5.6.1.1 节相同,系统性能指标为系统稳态平均维修次数。将这些参数代入算法 5.1。其计算结果如表 5-3 所示:

表 5-3   系统稳态平均维修次数

系统模型	模型 I	模型 II	模型 III
$\overline{V_i}$	0.000 56	0.000 77	0.001 7

由表 5-3 可知 $\overline{V_1}<\overline{V_2}<\overline{V_3}$,因此以系统稳态平均维修次数为目标时,算法 5.1 输出结果是:冷储备是最优储备模型。运行设备维修率对冷、温、热储备系统都有重要影响。除此之外,温储备系统还受温储备设备失效率的影响。因此,另 $\lambda_1\in[0.000\ 11,0.000\ 55]$,$\beta\in[0.03,0.14]$,步长分别设为 0.000 01 和 0.005,其他参数不变,研究 β 对 $\overline{V_1},\overline{V_3}$ 的影响以及 β,λ_1 对 $\overline{V_2}$ 的影响。其结果分别如图 5-7 和图 5-8 所示:

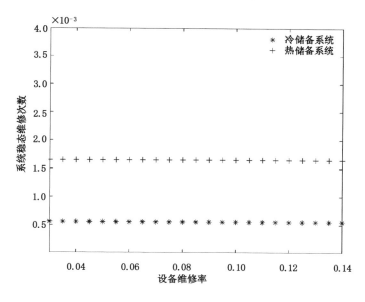

图 5-7   设备维修率对冷、热储备系统稳态平均维修次数的影响

由图 5-7 可知,在 $\beta\in[0.03,0.14]$ 时,$\overline{V_3}>\overline{V_1}$,无论设备维修率取值如何,冷储备系统稳态维修次数小于热储备系统。由图 5-8 可知,参数 β,λ_1 和变量 $\overline{V_2}$ 构成一个平面,说明

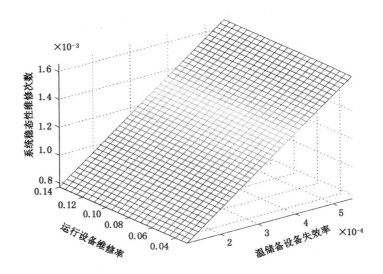

图 5-8　运行设备的维修率和温储备设备的失效率对系统稳态维修次数的影响

$\overline{V}_2$ 与 β,λ_1 呈线性变化关系。另外从数值结果可知,在 $\beta\in[0.03,0.14],\lambda_1\in[0.000\,11,$ $0.000\,55]$ 范围时,$\overline{V}_3>\overline{V}_2>\overline{V}_1$ 成立。说明温储备系统的稳态维修次数小于热储备系统,但大于冷储备系统。因此。当以系统稳态平均维修次数为目标时,算法输出依然是冷储备是最优储备模型。

5.6.2　以系统经济效益为目标的实例分析

根据系统应用案例中的历史财务数据和历史维修费用记录,给出三个模型下净收益中费用的合理范围:设 $c_0,c_4,c_7\in[1\,000,5\,000]$(元/h),$c_1,c_5,c_8\in[300,500]$(元/h),$c_2,c_6,$ $c_9\in[300,700]$(元/h)。实际上,冷储备系统激活期间的停机对于不同行业的生产制造企业带来的经济损失或产生的费用大相径庭、难以估计。但根据使用该系统的某生产企业的停机记录,停机费用的合理范围为:$c_3\in[500,1\,000]$(元/h)。系统安装费用的合理范围为: $I\in[100,300]$(元/h)。

5.6.2.1　以系统单位时间内运行收益为研究对象

令参数 $\lambda,\lambda_1,\beta,\beta_1,\gamma,\sigma$ 取值与 5.6.1.1 节相同,令参数 $c_1=400,c_2=500,c_3=800,c_5=$ $100,c_6=200,c_8=300,c_9=500,I=200,c_0,c_4,c_7\in[1\,000,5\,000]$。将以上参数代入算法 5.2,其计算结果为:

对于情况(A),化简后最终不等式为:

$$\max(0.996\,7c_4+3.227\,3,0.984\,5c_7-5.943\,2,1\,000)\leqslant c_0\leqslant 5\,000$$

该不等式在 $\forall c_0,c_4,c_7\in[1\,000,5\,000]$ 取值范围内有解,即 $\Theta_1\geqslant\max(\Theta_2,\Theta_3)$ 成立,此时算法 5.2 输出结果是:冷储备是最优贮备模型。

对于情况(B),化简后的最终不等式为:

$$\max(1.003\,3c_0-3.227\,3,0.987\,8c_7-9.097\,8,1\,000)\leqslant c_4\leqslant 5\,000$$

该不等式在 $\forall c_0,c_4,c_7\in[1\,000,5\,000]$ 取值范围内有解,即 $\Theta_2\geqslant\max(\Theta_1,\Theta_3)$ 成立,此

时算法 5.2 输出结果是:温储备是最优储备模型。

对于情况(C),化简后最终不等式为:

$$c_7 \geqslant \max(1.015\ 7c_0 + 5.944\ 2, 1.012\ 4c_4 + 9.210\ 5)$$

该不等式在 $\forall c_0, c_4, c_7 \in [1\ 000, 5\ 000]$ 取值范围内有解,即 $\Theta_3 \geqslant \max(\Theta_1, \Theta_2)$ 成立,此时算法 5.2 输出结果是:热储备是最优储备模型。

5.6.2.2　以系统单位时间内设备维修费用为研究对象

令 $c_0 = 3\ 000, c_4 = 3\ 000, c_7 = 3\ 000, c_1, c_5, c_8 \in [300, 500]$,其他参数与 5.6.2.1 节相同。将以上参数代入算法 5.2,其计算结果为。

对于情况(A),化简后的最终不等式为:

$$300 \leqslant c_1 \leqslant \min(1.189\ 2c_5 + 909.606\ 2, 2.940\ 5c_8 + 4\ 173.991\ 4, 500)$$

该不等式在 $\forall c_1, c_5, c_8 \in [300, 500]$ 取值范围内恒成立,即 $\Theta_1 \geqslant \max(\Theta_2, \Theta_3)$ 恒成立,此时算法 5.2 输出结果是:冷储备是最优储备模型。

对于情况(B)和(C),化简后分别的最终不等式为:

$$300 \leqslant c_5 \leqslant \min(0.840\ 9c_1 - 764.916\ 1, 2.472\ 8c_8 + 2\ 745.123\ 1, 500)$$
$$300 \leqslant c_8 \leqslant \min(0.340\ 1c_1 - 1\ 419.465\ 5, 0.404\ 4c_5 - 1\ 110.132\ 2, 500)$$

然而在 $\forall c_1, c_5, c_8 \in [300, 500]$ 取值范围内,以上两个不等式均无解。即,$\Theta_2 \geqslant \max(\Theta_1, \Theta_3)$ 和 $\Theta_3 \geqslant \max(\Theta_1, \Theta_2)$ 均不成立。此时算法 5.2 无输出,说明以系统单位时间内设备维修费用为研究对象时,无论参数如何取值,冷储备均是最优储备模型。

5.6.2.3　以单位时间支付给维修人员的费用为研究对象

令 $c_0 = 3\ 000, c_4 = 3\ 000, c_7 = 3\ 000, c_2, c_6, c_9 \in [300, 700]$,其他参数取值与 5.6.2.1 节相同。将以上参数代入算法 5.2,其计算结果为:

对于情况(A):化简后的最终不等式为:

$$300 \leqslant c_2 \leqslant \min(1.386\ 5c_6 + 16\ 276.7, 2.972\ 4c_9 + 68\ 210.4, 700)$$

该不等式在 $\forall c_2, c_6, c_9 \in [300, 700]$ 取值范围内恒成立,即 $\Theta_1 \geqslant \max(\Theta_2, \Theta_3)$ 恒成立。此时算法 5.2 输出结果是:冷储备是最优储备模型。

对于情况(B)和(C),化简后分别得到的最终不等式为:

$$300 \leqslant c_6 \leqslant \min(0.721\ 3c_2 - 11\ 739.5, 2.143\ 8c_9 + 47\ 356.9, 700)$$
$$300 \leqslant c_9 \leqslant \min(0.336\ 4c_2 - 22\ 947.8, 0.466\ 5c_6 - 17\ 471.8, 700)$$

然而在 $\forall c_2, c_6, c_9 \in [300, 700]$ 取值范围内,以上两个不等式均无解,即 $\Theta_2 \geqslant \max(\Theta_1, \Theta_3)$ 和 $\Theta_3 \geqslant \max(\Theta_1, \Theta_2)$ 均不成立。此时算法 5.2 无输出,说明以系统单位时间内支付给维修人员费用为研究对象时,无论参数如何取值,冷储备均是最优储备模型。

5.7　本章小结

针对选择哪种储备模型才能使双储备系统实现性能和经济效益最优的问题,本章创新性地提出了双储备系统储备模型优化选择算法。通过分析系统状态及半 Markov 核函数分别建立了系统冷/温/热储备模型下的更新方程组,利用拉普拉斯、拉普拉斯-Stieltjes 变换技术和 Abel 定理求得了系统稳态可用度、维修人员稳态忙期概率和系统稳态维修次数的系统性能指标,并给出了系统单位时间内净收益的目标函数,之后通过模型对比分析给出了分别以系统性能指标和经济指标为目标的系统储备模型优化选择算法。最后以实际的国产双储备控制系统作为研究对象,对所提算法进行实例分析,实例结果表明所提算法能够有效地确定系统在不同条件下的最优储备模型。本章是在系统确定参数或确定参数变化范围的情况下进行研究的。然而对于某些实际的工业现场,现场环境复杂,系统部分参数无法测量,这些参数属于不确定参数,对具有不确定参数的双储备系统如何进行分析,建模并给出储备模型的优化选择算法是下一步重点研究的问题。

6 基于几何过程的多设备相干系统优化维修策略

6.1 引言

具有复杂结构的多部件相干系统在城市基础设施和工业生产领域普遍存在,如城市水网系统、油气运输系统、钢铁厂的烟气净化系统、大规模的网络控制系统等。这些系统的关键设备或部件一旦失效会对系统的运行产生重大影响,甚至危及整个系统,造成严重后果。因此,为了延长系统寿命、提高系统运行可靠性,降低系统失效风险,研究复杂结构的多部件相干系统的最优维修策略具有重要的理论和实际意义。

准确掌握系统的失效过程是制定维修策略的前提和关键。为此,学者们通过获取系统的失效数据,拟合系统失效的随机过程并估计其参数。在以往的研究中,常见的失效随机过程包括:指数过程、高斯过程、维纳过程、PH 分布和几何过程等。其中,几何过程(Geometric Process,GP)是 Lam[183] 于 1988 年首次提出并将其应用到设备的更换策略中。为方便参考,首先给出 GP 的相关定义:

定义 1:给定两个随机变量 ξ 和 η,如果 $\forall \alpha \in \mathbb{R}^+$ 满足 $p(\xi \geqslant \alpha) > p(\eta \geqslant \alpha)$,则相对于 η,ξ 被称为随机更大的变量,记为 $\xi > \eta$,否则记为 $\zeta > \eta$。此外,对于所有 $n=1,2,\cdots$,如果 $x_n \geqslant x_{n+1}$,则称该随机过程 $\{X_n, n=1,2,\cdots\}$ 随机递减。反之如果 $x_n \leqslant x_{n+1}$,则 $\{X_n, n=1,2,\cdots\}$ 为随机递增。

定义 2:假设 $\{X_n, n=1,2,\cdots\}$ 是一个独立非负的随机变量序列。如果对于部分 $\alpha > 0$ 并且所有的 $n=1,2,\cdots$,X_n 的分布函数 $F_n(t)$ 满足 $F_n(t) = F(\alpha^{n-1}t)$,则 $\{X_n, n=1,2,\cdots\}$ 称为几何过程。明显的,如果 $\alpha > 1$,φ 是随机递减的,即 $\varphi_n > \varphi_{n+1}$,$n=1,2,\cdots$

如果 $0 < \alpha < 1$,$\{\varphi_n, n=1,2,\cdots\}$ 是随机递增的,即 $\varphi_n < \varphi_{n+1}$,$n=1,2,\cdots$

如果,$\alpha = 1$,几何过程将退化为更新过程。

自几何过程提出之后,诸多学者将几何过程应用到关联系统的维修策略中。主要原因在于几何过程能刻画系统寿命在维修之后缩短的自然属性。近几年,基于几何过程的维修策略主要针对一些结构相对简单的系统,如单部件系统[184-186],两部件串联系统[187],两部件并联系统[188],冷储备系统[189-192]。然而,许多实际的大型工程系统往往是多类型部件的复杂结构系统。利用几何过程研究这类复杂系统的维修策略鲜有报道。为此,本章利用几何过程针对多类型部件的复杂结构系统进行研究。

6.2 模型描述与基本假设

本章考虑一个具有多种类型部件的相干系统,该系统共有 $k(k \geqslant 2)$ 种类型部件,且每种类型部件的数量为 $n_j(j=1,\cdots,k)$。因此,系统中部件总数量为 $n=\sum\limits_{j=1}^{k}n_j$。每种类型的部件独立同分布。令 $\varphi(i_1,i_2,\cdots,i_k)$ 为系统的生存特征,其含义是当第 j 类部件有 i_j 个工作时,系统正常运行的概率。为便于表示,本章定义系统运行的概率为 $\psi(l_1,l_2,\cdots,l_k)$,当且仅当第 $j(j=1,\cdots,k)$ 类部件有 l_j 个失效。因此 $\psi(l_1,l_2,\cdots,l_k)$ 可表示为:

$$\psi(l_1,l_2,\cdots,l_k)=\varphi(n_1-l_1,n_2-l_2,\cdots,n_k-l_k) \tag{6-1}$$

令第 j 类部件的失效分布函数为 $F_j(t)$,$j=1,\cdots,k$,则部件的可用度函数为 $\overline{F}_j(t)=1-F_j(t)$。因此,系统的可靠度函数 $R(t)$ 可表示为:

$$\begin{aligned}R(t)&=\sum_{l_1=0}^{n_1}\cdots\sum_{l_k=0}^{n_k}\psi(l_1,\cdots,l_k)P(M_t^1=l_1,\cdots,M_t^k=l_k)\\&=\sum_{l_1=0}^{n_1}\cdots\sum_{l_k=0}^{n_k}\psi(l_1,\cdots,l_k)\prod_{j=1}^{k}\binom{n_j}{l_j}F_j^{l_j}(t)\overline{F}_j^{n_j-l_j}(t)\end{aligned} \tag{6-2}$$

其中,M_t^j 表示在 t 时刻第 j 类部件失效的个数。$F_j^{l_j}(t)$ 表示 $F_j(t)$ 的 l_j 次幂。

6.2.1 系统运行过程

在系统的运行过程中,设相同类型部件的失效过程独立同分布,不同类型部件的失效过程相互独立。在 $t=0$ 时刻,系统投入使用,此时所有部件的状态均是最新状态。为了保证系统的可靠性,对系统进行周期性维修,设维修周期为 T。即当时刻 $T,2T,\cdots,NT,N\in\mathbb{N}^+$ 到达时,维修人员对系统进行检测并维修,维修时间忽略不计。维修之后,系统进入下一个周期。当维修人员对系统进行维修时,如果系统正常运行,则对系统中正常运行的部件进行预防性维修(Preventive Maintenance,PM),费用为 C_{pm}。对失效部件进行纠正维修(Corrective Maintenance,CM),费用为 C_{cm}。反之,如果系统已经失效,则对系统进行整体维修,费用为 C_{ms}。对于系统失效情况,如果维修人员不能及时到达并进行维修,则从系统失效时刻到维修人员维修的时间间隔内,系统因失效停产造成的单位时间损失为 C_d。设系统在一个维修周期内正常运行的时间为 X_n,随着维修次数的增加,X_n 形成一个随机递减的几何过程 $\{X_n,n=1,2\cdots\}$,且服从如下分布:

$$1-R(\alpha^{n-1}t) \tag{6-3}$$

其中,$n=1,2\cdots,\alpha\geqslant1$ 为常数。

当维修次数达到 N 次时,认为系统无维修价值,将其报废并更换新系统,更换费用为 C_r,系统更换时间忽略不计。从每个新系统运行的开始时刻起便形成了一个更新过程。本章只考虑系统的一个更新周期,且针对一个更新周期提出了两个不同场景下(分别称为场景1和场景2)的维修策略。在场景1中,维修工人只在 $T,2T,\cdots,NT,N\in\mathbb{N}^+$,时刻对系统进行检测和维修。如果系统在两次检测间隔 $[kT,kT+T],k<N$ 内失效,由于维修工人无法赶到,因此并不立即对失效系统进行维修,直至下一个维修时刻 $kT+T$ 到达时才对其维修。整个系统的运行维修过程如图6-1所示。

在场景2中,维修工人同样在 $T,2T,\cdots,NT,N\in\mathbb{N}^+$ 时刻检测并维修系统。但为了保障维修的及时性,当系统在两次检测间隔 $[nT,nT+T],n<N$ 内失效时,维修工人在系统失效时刻能够及时达到现场并立即对系统进行维修,使其能尽快恢复运行。须注意的是,场景

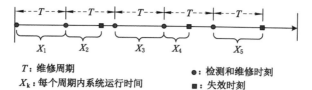

T：维修周期　　　　　　　　　　● ：检测和维修时刻

X_k：每个周期内系统运行时间　　■ ：失效时刻

图 6-1　场景 1 中系统运行维修过程

2 中如果系统在两次检测间隔 $[nT,nT+T]$，$n<N$ 内失效，由于维修时间忽略不计，则下一个维修周期 T 从当前系统失效时刻算起。整个系统运行过程如图 6-2 所示。

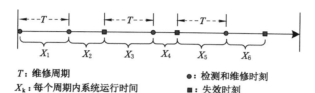

T：维修周期　　　　　　　　　　● ：检测和维修时刻

X_k：每个周期内系统运行时间　　■ ：失效时刻

图 6-2　场景 2 中系统运行维修过程

6.2.2　场景 1 中系统单位时间的平均费用

根据式（6-2）和几何过程的定义，在 $t(t<T)$ 时刻，系统正常运行的概率 $Q(t)$ 为：

$$Q(t) = P(X_n \geqslant t) = \sum_{l_1=0}^{n_1} \cdots \sum_{l_k=0}^{n_k} \psi(l_1,\cdots,l_k) P(M_t^1 = l_1,\cdots,M_t^k = l_k)$$

$$= \sum_{l_1=0}^{n_1} \cdots \sum_{l_k=0}^{n_k} \psi(l_1,\cdots,l_k) \prod_{j=1}^{k} \binom{n_j}{l_j} F_j^{l_j}(\alpha^{n-1}t) \bar{F}_j^{n_j-l_j}(\alpha^{n-1}t) \tag{6-4}$$

则在一个维修周期 T 内，系统运行的平均时间为：

$$E[X_n] = \int_0^\infty Q(t)\mathrm{d}t = \int_0^T R(a^{n-1}t)\mathrm{d}t \tag{6-5}$$

系统在维修时刻 $T,2T,\cdots,NT$ 存在两种状态：失效状态和运行状态。为了分析系统在一个维修周期 T 内产生的费用，需要对以上两种状态分别考虑。首先分析失效状态下产生的费用。令 p_n 为 $nT(n=1,\cdots,N)$ 时刻系统失效的概率。根据几何过程，系统在 nT 时刻正常运行的概率为 $R(a^{n-1}T)$，因此可得 p_n：

$$p_n = 1 - R(a^{n-1}T) \tag{6-6}$$

进而可得系统在第 n 个维修时刻处于失效状态下产生的费用 $C_n^d(T)$ 为：

$$C_n^d(T) = p_n \{(T - E[\sigma_n])C_d + C_{ms}\} = p_n \left\{ \left(T - \int_0^T R(a^{n-1}t)\mathrm{d}t \right) C_d + C_{ms} \right\} \tag{6-7}$$

其中，C_d 是单位时间内的停产费用。

其次分析运行状态下产生的费用。在 nT 时刻系统正常运行，此时维修工人须对系统中的工作部件进行 PM，对失效部件进行 CM。设第 j 类部件在以上两种维修方式下产生的费用分别为：C_{pm}^j 和 C_{cm}^j。根据 M. Hashemi[191] 得出的结论可知，在一个维修周期 T 内第 $j(j=1,\cdots,k)$ 类失效部件数量 $l_j(j=1,\cdots k)$ 的期望为：

$$E(l_j) = \frac{1}{R(\alpha^{n-1}T)} \sum_{l_1=0}^{n_1} \cdots \sum_{l_k=0}^{n_k} l_j \psi(l_1, \cdots, l_k) \prod_{j=1}^{k} \binom{n_j}{l_j} F_j^{l_j}(\alpha^{n-1}T) \, \overline{F}_j^{n_j-l_j}(\alpha^{n-1}T) \quad (6\text{-}8)$$

进而,系统在第 n 个维修时刻处于正常运行状态下产生的费用 $C_n^r(T)$ 为:

$$C_n^r(T) = \sum_{j=1}^{k} \left[C_{pm}^j (n_j - E(l_j)) + C_{cm}^j E(l_j) \right] = \sum_{j=1}^{k} \left[C_{pm}^j n_j + (C_{cm}^j - C_{pm}^j) E(l_j) \right]$$

$$(6\text{-}9)$$

因此,在场景 1 下系统生命周期内的费用为:

$$C(N,T) = \sum_{n=1}^{N-1} \left[p_n C_n^d(T) + R(\alpha^{n-1}T) C_n^r(T) \right] + \left(T - \int_0^T R(\alpha^{N-1}t)\,dt \right) C_d + C_r \quad (6\text{-}10)$$

至此,在场景 1 下系统在一个更新周期内单位时间的平均费用为:

$$\overline{C}_1(N,T) = \frac{C(N,T)}{NT} = \frac{\left\{ \sum_{n=1}^{N-1} \left[p_n C_n^d(T) + R(\alpha^{n-1}T) C_n^r(T) \right] + \left(T - \int_0^T R(\alpha^{N-1}t)\,dt \right) C_d + C_r \right\}}{NT}$$

$$(6\text{-}11)$$

其中,$\overline{C}_1(N,T)$ 是关于维修次数 N 和维修周期 T 的二元函数。当 $N=1$ 时,以上维修策略适用于不可修系统。该情况下 $\overline{C}_1(N,T)$ 的极值情况满足如下命题:

命题 1 在式(6-11)中,当 $N=1$ 时,无须对系统进行预防性维修,当到达周期 T 时直接对系统进行更换,此时式(6-11)可改写为:

$$\overline{C}_1(1,T) = \frac{\left(T - \int_0^T R(t)\,dt \right) C_d + C_r}{T} \quad (6\text{-}12)$$

对式(6-12)中的 $\overline{C}_1(1,T)$ 关于 T 求导,并令导函数为零可得:

$$\int_0^T R(t)\,dt - R(T)T = \frac{C_r}{C_d} \quad (6\text{-}13)$$

令式(6-13)中等号左侧表达式为 $Z(T)$,即 $Z(T) = \int_0^T R(t)\,dt - R(T)T$。对 $Z(T)$ 关于 T 求导可得 $Z'(T) = -R'(T)T$。由于 $R(T)$ 是 T 的单调减函数,因此 $\forall T \in (0,\infty)$,$Z'(T) > 0$。进而可得 $Z(T)$ 是 T 的单调增函数。当 $T \to \infty$ 时,可得 $\lim_{T \to \infty} R(T)T = 0$ 且 $E[X_1] = \lim_{T \to \infty} \int_0^T R(t)\,dt, E[X_1] \in \mathbb{R}^+$ 为系统第一个周期的平均运行时间,进而有 $\sup_{T \in (0,\infty)} Z(T) = \lambda$。因此,当 $C_r/C_d \leqslant \lambda$ 时,$\overline{C}_1(1,T)$ 极值存在且唯一。

6.2.3 场景 2 中系统单位时间的平均费用

与场景 1 相比,由于场景 2 不存在停产费用,因此系统在第 n 个维修时刻处于失效状态下产生的费用为 $C_n^d(T) = p_n C_{ms}$。进而,系统整个生命周期产生的费用为:

$$C(N,T) = \sum_{n=1}^{N-1} \{ R(a^{n-1}T) C_n^r(T) + p_n C_{ms} \} + C_r \quad (6\text{-}14)$$

由于不考虑系统维修时间和更换时间,因此系统在整个生命周期的运行时间为:

$$\sum_{n=1}^{N} \int_{0}^{T} R(\alpha^{n-1} t) \, dt \qquad (6\text{-}15)$$

因此,系统单位时间的平均费用为:

$$\overline{C}_2(N,T) = \frac{\sum_{n=1}^{N-1} \{ (1-p_n)C_n^r(T) + p_n C_{ms} \} + C_r}{\sum_{n=1}^{N} \int_{0}^{T} R(a^{n-1} t) \, dt} \qquad (6\text{-}16)$$

与场景 1 类似,式(6-16)中 $\overline{C}_2(N,T)$ 是关于维修次数 N 和维修周期 T 的二元函数,该函数同样存在 $N=1$ 的情况。该情况下,$\overline{C}_2(1,T)$ 的极值情况满足如下命题:

命题 2　式(6-16)中当 $N=1$ 时,不对系统进行预防性维修。当系统失效或到达周期 T 时,无论哪种情况先发生都直接对系统进行更换,因此单位时间平均费用为:

$$\overline{C}_2(1,T) = \frac{C_r}{\int_{0}^{T} R(t) \, dt} \qquad (6\text{-}17)$$

因为函数 $\int_{0}^{T} R(t) \, dt$ 关于 T 单调递增且 C_r 是常数,因此,$\overline{C}_2(1,T)$ 关于 T 单调递减。令

$$\sup_{T \in \langle 0,\infty \rangle} \int_{0}^{T} R(t) \, dt = E[X_1] \qquad (6\text{-}18)$$

则 $\inf_{T \in \langle 0,\infty \rangle} \overline{C}_2(1,T) = C_r / E[X_1]$。

6.3　模型求解

场景 1 和场景 2 下的目标函数 $\overline{C}_1(N,T)$ 和 $\overline{C}_2(N,T)$ 均是带有变上限积分的复杂多项式表达式,属于非线性混合整数规划问题。典型的求解混合整数规划方法,如分支定界法、割平面法和蒙特卡洛法等在求解本章的两个目标函数上具有很大难度甚至不可行。为此,本节采用一种启发式算法——改进的人工鱼群算法(Artificial Fish Swarm Algorithm,AFSA)高效地求解 $\overline{C}_1(N,T)$ 和 $\overline{C}_2(N,T)$。

假设 AFSA 中共有 m 条人工鱼,令 $X_i = (N_i, T_i)$,$i = 1, \cdots, m$ 表示第 i 条人工鱼的位置,令 $\pi_{\zeta i} = \overline{C}_\zeta(X_i)$ 表示第 i 条人工鱼当前所在位置的食物浓度,其中,$\zeta = 1, 2$ 分别表示场景 1 和场景 2。π_ζ^* 表示全局食物浓度最大值,对应目标函数 $\overline{C}_\zeta(N,T)$ 即投入成本的最小值。令 $d_{ij} = \| X_i - X_j \|_2$ 表示人工与个体之间的距离,其中 $i,j = 1, \cdots, m$ 且 $i \neq j$,$\| \cdot \|_2$ 表示向量的二范数。令 v 表示人工鱼的感知范围,s 表示人工鱼的游动步长,δ 为拥挤度因子,r 表示人工鱼觅食过程中尝试的次数,w 表示当前迭代次数,$\bar{w}$ 表示迭代次数上限,ε 表示两次相邻迭代后最优目标函数值的误差,ℓ 表示每代最优目标函数值变化不大于 ε 的连续次数,ϑ 用于记录上一次迭代后的最优目标函数值,整个算法流程如下:

Step 1:初始化各个参数,令 $m = m_0$,$v = v_0$,$s = s_0$,$\delta = \delta_0$,$r = r_0$,$\bar{w} = \bar{w}_0$,$w = 1$,$i = 1$,$\vartheta = \pi_\zeta^* = +\infty$,$\varepsilon = \varepsilon_0$,$\ell = 0$。在可行域内基于反向学习的种群初始化策略随机生成 m 条人工鱼 X_i,$i = 1, \cdots, m$。

Step 2：统计人工鱼位置 X_i^w 感知范围 v 内的其他人工鱼数量 m_f，即满足 $d_{ij}<v$ 条件的所有人工鱼数量。将感知范围内所有其他人工鱼的位置求算数平均值，得到感知范围内人工鱼中心点位置 X_c。当中心点位置 X_c 附近不拥挤且优于当前人工鱼位置 X_i^w，即

$$\bar{C}_\zeta(X_c)/m_f < \delta\bar{C}_\zeta(X_i^w) \tag{6-19}$$

$$\bar{C}_\zeta(X_c) < \bar{C}_\zeta(X_i^w) \tag{6-20}$$

公式成立时，更新当前位置 X_i^w 为：

$$X_\sigma = X_i^w + \gamma \cdot s \cdot \frac{X_c - X_i^w}{\parallel X_c - X_i^w \parallel} \tag{6-21}$$

其中，γ 是在区间 $(0,1)$ 内服从均匀分布的随机数。以上行为是人工鱼的聚群行为，之后跳转至 Step 4。如果式（6-19）和式（6-20）不同时成立，则不进行聚群行为，直接跳转至 Step 3。

Step 3：人工鱼根据公式 $X_\varphi = X_i^w + \gamma \cdot v \cdot I$ 随机选择感知范围内的一个位置 X_φ，其中 I 是每个元素均为 1 的二阶向量。判断 $\bar{C}_\zeta(X_\varphi) < \bar{C}_\zeta(X_i^w)$ 是否成立，如果成立，则更新当前位置 X_i^w 为：

$$X_\sigma = X_i^w + \gamma \cdot s \cdot \frac{X_\varphi - X_i^w}{\parallel X_\varphi - X_i^w \parallel} \tag{6-22}$$

以上行为是人工鱼的觅食行为，之后跳转至 Step 4,否则继续尝试寻找满足条件的 X_φ。如果尝试 r 次后也没有找到 X_φ，则更新当前位置 X_i^w：

$$X_\sigma = X_i^w + \gamma \cdot s \cdot I \tag{6-23}$$

以上行为是人工鱼的随机行为。之后跳转到 Step 4。

Step 4：计算 X_σ 的食物浓度：

$$\pi_{ij}^\sigma = \bar{C}_\zeta(X_\sigma) \qquad \zeta = 1,2 \tag{6-24}$$

Step 5：找到 X_i^w 感知范围 v 内人工鱼群的最优个体 X_o，统计人工鱼 X_i^w 感知范围内其他人工鱼数量 m_f。当感知范围内最优个体 X_o 的位置不拥挤且优于 X_i^w，即

$$\bar{C}_\zeta(X_o)/m_f < \delta\bar{C}_\zeta(X_i^w) \tag{6-25}$$

$$\bar{C}_\zeta(X_o) < \bar{C}_\zeta(X_i^w) \tag{6-26}$$

同时成立，更新当前位置 X_i^w 为：

$$X_\psi = X_i^w + \gamma \cdot s \cdot \frac{X_o - X_i^w}{\parallel X_o - X_i^w \parallel} \tag{6-27}$$

以上行为是人工鱼的追尾行为，之后跳转至 Step 7。如果式（6-25）、式（6-26）不同时成立，则不进行追尾行为，直接跳转至 Step 6。

Step 6：根据公式 $X_\varphi = X_i^w + \gamma \cdot v \cdot I$，人工鱼随机选择感知范围内的一个位置 X_φ。判断 $\bar{C}_\zeta(X_\varphi) < \bar{C}_\zeta(X_i^w)$ 是否成立。如果成立，则进行觅食行为：

$$X_\psi = X_i^w + \gamma \cdot s \cdot \frac{X_\varphi - X_i^w}{\parallel X_\varphi - X_i^w \parallel} \tag{6-28}$$

之后跳转至 Step 7。否则继续尝试寻找满足条件 $\bar{C}_\zeta(X_\varphi) < \bar{C}_\zeta(X_i^w)$ 的 X_φ。如果尝试 r 次后仍然没有找到，则进行随机行为：$X_\psi = X_i^w + \gamma \cdot s \cdot I$。之后跳转至 Step 7。

Step 7：计算 X_ψ 的食物浓度：

$$\pi_\mathfrak{G}^\psi = \overline{C}_\zeta(X_\psi)\zeta = 1,2 \tag{6-29}$$

Step 8：按如下规则更新 X_i^w、π_ζ^*、X_ζ^*。如果 $\pi_\mathfrak{G}^\sigma < \pi_\mathfrak{G}^\psi$，令 $X_i^w = X_\sigma$，否则令 $X_i^w = X_\psi$。如果 $\pi^* > \overline{C}_\zeta(X_i^w)$，令 $\pi^* = \overline{C}_\zeta(X_i^w)$，$X^* = X_i^w$。

Step 9：令 $i = i+1$。判断 $i \leqslant m$ 是否成立，如果成立，跳转至 Step 2，否则跳转至 Step 10。

Step 10：判断 $w \geqslant \bar{w}$ 或 $\ell \geqslant 10$ 是否成立，如果其中一个条件成立，则跳转至 Step 12。否则跳转至 Step 11。

Step 11：如果 $|\pi^* - \vartheta| < \varepsilon$，$\ell = \ell+1$，否则 $\ell = 0$。令 $\vartheta = \pi^*$，$w = w+1$，$i = 1$。根据 w 设置 s，如果 w 能被 10 整除，令 $s = s-1$，若此时 $s \leqslant 0$，则令 $s = 1$。跳转至 Step 2。

Step 12：输出最优位置 X_ζ^* 和最优目标函数值 π_ζ^*，算法结束。

整个算法流程如图 6-3 所示。

为了加速传统 AFSA 算法的收敛速度，本节进行了如下改进：① Step 1 中，利用反向学习的种群初始化策略生成 m 条人工鱼的位置以改善种群个体之间的距离。② AFSA 的每次迭代过程中，须分别计算聚群行为、觅食行为，追尾行为和随机行为。其中觅食行为具有较大随机性，不利于算法的收敛。为此在 Step 2 和 Step 5 中对聚群行为和追尾行为进行判断，当二者成立时，则不进行觅食行为，当二者不成立时，再进行觅食行为。从而在迭代过程中，整体上减少觅食行为次数。③ 随着迭代次数的增加，鱼群整体逐渐趋于最优位置。当鱼群整体接近最优位置时，为了避免算法"抖动"现象，在 Step 10 中采用了变步长的策略。

综上，本节通过以上三点优化，整体上提升了 AFSA 算法的计算性能。

6.4　数值算例

本章以实际的四自由度机械手及其控制系统（如图 6-4 所示）为研究对象，验证场景 1 和场景 2 下维修策略的有效性。

图 6-4 中，左侧控制柜中控制系统由具有自主知识产权的国产 PLC 和国产伺服驱动器构成。两个 PLC 和一个供电模块是串联结构，四个伺服驱动器是并联结构，分别控制抓举机械手的四个"关节"。整个系统的拓扑结构如图 6-5 所示。

令随机变量 X_1，X_2 和 X_3 分别表示 PLC、伺服驱动器和机械手"关节"寿命。由于 PLC 和伺服驱动器属于弱电工业产品，其寿命分布一般服从指数分布。抓举机械手的四个"关节"是具有磨损特征的机械件，其寿命一般服从正态分布。因此，令 X_1，X_2 和 X_3 的分布函数分别为：$F_1(t) = 1-e^{-\lambda_1 t}$，$F_2(t) = 1-e^{-\lambda_2 t}$ 和 $F_3(t) = N(\mu, \sigma^2)$。其中，$\mu$ 和 σ^2 分别表示正态分布函数的均值和方差。

根据产品技术手册，该型号的 PLC 和伺服驱动器的工作寿命分别为 4—6 a 和 5—7 a。通常情况下，机械手的工作寿命约为 3—5 a。根据以上三种设备工作寿命的范围，令分布函数中参数的合理取值为：$1/\lambda_1 = 1\ 826(\mathrm{d})$，$1/\lambda_2 = 2\ 191(\mathrm{d})$，$\mu = 1\ 461(\mathrm{d})$，$\sigma = 500$。根据该系统历史维修记录，设系统中 PLC，伺服驱动器和机械手"关节"的预防维修费用分别为：$C_{pm}^1 = 100(元)$，$C_{pm}^2 = 200(元)$，$C_{pm}^3 = 300(元)$；纠正维修费用分别设为：$C_{cm}^1 = 200(元)$，$C_{cm}^2 = 500(元)$，

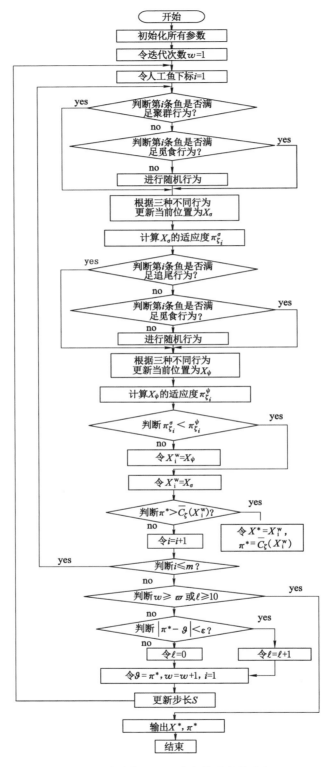

图 6-3 改进的 AFSA 求解算法整体流程

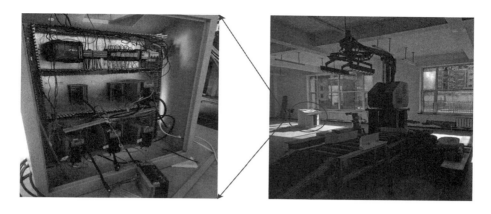

图 6-4 四自由度抓举机械手及其控制系统

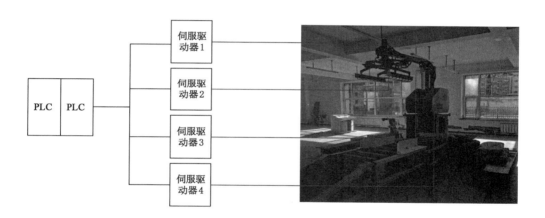

图 6-5 系统拓扑结构图

$C_{cm}^3 = 700$(元);系统整体维修费用设为 $C_{ms} = 15\ 000$(元),单位时间内的停产损失设为 $C_d = 1\ 000$(元/d),更换新系统费用设为 $C_r = 12\ 000$(元)。设三种设备的几何过程参数 α_1、α_2、α_3 分别为 1.07、1.08、1.09。

改进的 AFSA 求解算法的参数初始化为:人工鱼的感知距离 $v_0 = 3$、移动最大步长 $s_0 = 4$、人工鱼的数量 $m_0 = 20$、觅食的最大次数 $r_0 = 4$、拥挤因子 $\delta_0 = 5$、最大迭代次数 $\bar{\omega}_0 = 100$,两次相邻迭代后最优值的变化 $\varepsilon_0 = 0.001$。将以上参数代入改进的 AFSA 算法,得到最优结果,即最优维修周期 $T^* = 97$(d)和维修次数 $N^* = 15$(次),即单位时间内最小平均投入成本为 $\pi_1^* = 214.3$(元/d)。

图 6-6 描绘了原始 AFSA 算法和改进 AFSA 算法的迭代情况。

如图 6-6 所示,改进后的 AFSA 算法迭代 39 次后收敛,相比原始 AFSA 算法(迭代 45 次收敛)在收敛效率上提高了 15.38%。另外,从图 6-6 可以直接看出,改进后算法经过首次迭代后目标函数值直接下降到 218.3。说明利用反向学习的种群初始化人工鱼使得算法在迭代初期就取得了较好的计算性能。

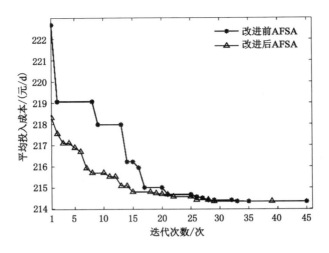

图 6-6　场景 1 下改进前后 AFSA 算法在实际系统上的迭代情况

为了验证算法输出结果的正确性,对 N 和 T 分别以 1 和 5 为步长间隔,在区间 $[0,50]$,$[0,300]$ 对 $\overline{C}_1(N,T)$ 进行绘图。绘图结果如图 6-7 所示。

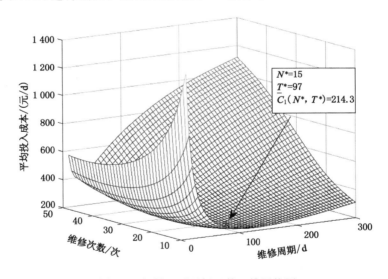

图 6-7　场景 1 下目标函数三维网格图

图 6-7 中的最小值与改进后算法输出的最优结果完全吻合,从而验证了计算结果的正确性。

同理,在场景 2 下,将所有参数代入改进的 AFSA 算法,得到最优结果为:$N^* =12$(次),$T^* =1\,214$(d),$\pi_2^* =47$(元)。算法的迭代情况和目标函数三维网格图分别如图 6-8 和图 6-9 所示。

图 6-8 和图 6-9 分别验证了在场景 2 下算法的高效性和计算结果的正确性。

如果该实际系统是不可修系统,则场景 1 下根据命题 1 当系统运行时间到达周期 T 时,直接将系统进行更换。通过计算,此时系统的平均运行时间为 $E[X_1]=725.2$(d)。

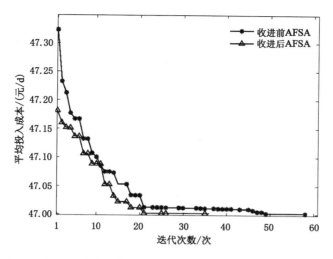

图 6-8 场景 2 下改进前后 AFSA 算法在实际系统上的迭代情况

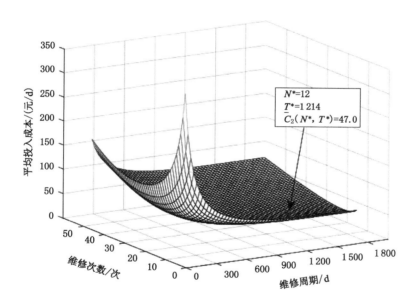

图 6-9 场景 2 下目标函数三维网格图

$C_r/C_d=120$,满足命题 1 中的极值存在条件 $C_r/C_d \leqslant E[X_1]$。场景 2 下根据命题 2,系统平均投入成本随维修周期 T 的增加逐渐减小。当 $T \to \infty$ 时,系统平均投入成本 $\overline{C}_2(1,T)$ 趋于常数 $C_r/E[X_1]$。

图 6-10 描绘了不可修系统在分别场景 1 和场景 2 下的平均投入成本 $\overline{C}_\zeta(1,T)$ 与周期 T 之间的变化关系。如图 6-10 所示,命题 1 中,当 $T=563(\mathrm{d})$ 时,$\overline{C}_1(1,T)$ 取得最小值 469.3;命题 2 中,当 $T \to \infty$ 时,$\overline{C}_2(1,T)=C_r/E[X_1]=165.5(\mathrm{元/d})$。

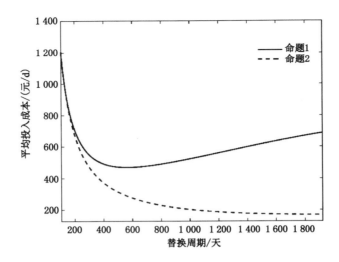

图 6-10　实际系统不可修饰两个场景下平均投入成本关于更换周期 T 的变化曲线

6.4.1　复杂结构相干系统的仿真算例

为了充分验证维修策略的正确性和有效性,本节对具有复杂结构的相干系统(系统结构如图 6-11 所示)进行算例分析。

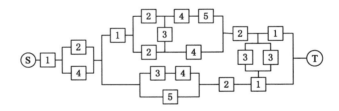

图 6-11　复杂结构的相干系统结构图

该系统的设备种类数为 $k=5$,每种设备的数量分别为 4、5、4、4、2。假设系统中每种设备的恶化情况相互独立且同类型设备具有相同的寿命分布函数。设第 $j(1\leqslant j\leqslant 5)$ 类设备的寿命分布函数 $F_j(t)$ 为:

$$F_j(t) = 1 - e^{-(\lambda_j t)^{\tau_j}}$$

其中,参数 λ_j 和 τ_j 的取值如下:$\lambda_1=0.01$,$\lambda_2=0.012$,$\lambda_3=0.015$,$\lambda_4=0.012$,$\lambda_5=0.013$;$\tau_1=1.5$,$\tau_2=1.8$,$\tau_3=1.6$,$\tau_4=1.7$,$\tau_5=1.9$。

设 5 种类型设备的预防维修费用分别为 $C_{pm}^1=100$(元),$C_{pm}^2=150$(元),$C_{pm}^3=130$(元),$C_{pm}^4=170$(元),$C_{pm}^5=160$(元);纠正维修费用分别设为:$C_{cm}^1=310$(元),$C_{cm}^2=350$(元),$C_{cm}^3=370$(元),$C_{cm}^4=360$(元),$C_{cm}^5=380$(元);系统整体维修费用设为 $C_{ms}=30\,000$(元),系统失效每天所产生的损失设为 $C_d=4\,000$(元),更换新系统费用设为 $C_r=150\,000$(元)。设每种部件的几何过程参数 $\alpha_1,\cdots,\alpha_5$ 分别为 1.03、1.04、1.05、1.06、1.07。使用改进的 AFSA 对目标函数进行求解,算法中各个参数的设置与实际系统中的参数设置相同。算法输出的最优

结果为:$N^* = 20$(次),$T^* = 14$(天),$\pi_1^* = 1\,122.5$(元/d)。

图 6-12 描绘了改进前后 AFSA 算法在复杂结构相干系统上的迭代次数。

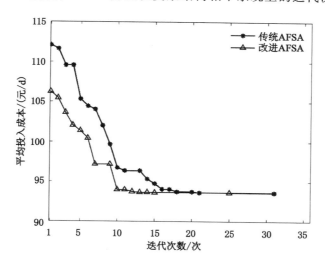

图 6-12 场景 1 下改进前后 AFSA 算法在复杂结构相干系统上的迭代情况

如图 6-12 所示,改进前后 AFSA 算法在收敛时的迭代次数分别为 32 次和 25 次,在计算效率上提高了 21.9%。且每次迭代后改进后算法输出的目标函数值均小于等于改进前的输出值,说明对于复杂结构的相干系统,改进后的求解算法依然具有较高的计算效率。

同理,为了验证改进算法对复杂结构系统的适用性,对 N 和 T 分别以 1 和 5 为步长间隔,在区间 $[0,50]$,$[0,300]$ 对 $\bar{C}_1(N,T)$ 进行绘图。绘图结果如图 6-13 所示。

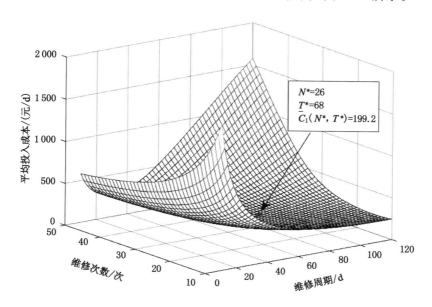

图 6-13 场景 1 下复杂结构相干系统的目标函数三维网格图

图 6-13 的三维网格图的最低点坐标值与改进算法输出结果完全一致,从而验证了结果的正确性。

同理,在场景 2 下,将复杂结构系统的所有参数代入改进的 AFSA 算法,得到最优结果为:$N^* = 17$(次),$T^* = 215$(d),$\pi_2^* = 96$(元/d)。算法的迭代情况和目标函数三维网格图分别如图 6-14 和图 6-15 所示。

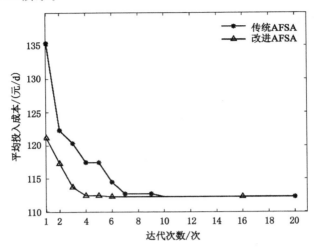

图 6-14 场景 2 下改进前后 AFSA 算法在复杂结构相系统上的迭代情况

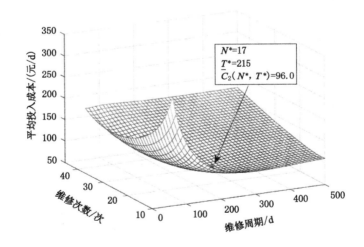

图 6-15 场景 2 下复杂结构相干系统的目标函数三维网格图

图 6-14 和图 6-15 说明了在场景 2 下改进算法在复杂结构系统优化策略的计算上依然适用和高效。

如果该复杂结构系统是不可修系统,场景 1 下根据命题 1,通过计算可得系统平均运行时长为 $E[X_1] = 43.85$(d)。此时有 $C_r/C_d = 37.5$,满足极值存在条件 $C_r/C_d \leqslant E[X_1]$。场景 2 下根据命题 2,系统平均投入成本随维修周期 T 的增加逐渐减小。当时 $T \rightarrow \infty$,系统平均投入成本趋于常数 $C_r/E[X_1]$。

同理,为了分析两个场景下复杂结构系统平均投入成本与周期之间的变化关系。给出了 $\overline{C}_{\xi}(1,T)$ 和 T 的函数曲线,如图 6-16 所示。从中可得,命题 1 中,当 $T=72(\text{d})$ 时,$\overline{C}_1(1,T)$ 取得最小值 369.1(元/d),即最优平均投入成本;命题 2 中,$\overline{C}_2(1,T)$ 关于 T 单调递减。当 $T\to\infty$ 时,系统平均投入成本趋于最优值,即 $C_r/E[X_1]=342.1(\text{元/d})$。

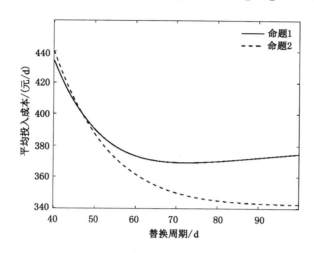

图 6-16　复杂结构系统不可修时两个场景下平均投入成本关于更换周期 T 的变化曲线

6.4.2　敏感性分析

为了测试模型的健壮性,本节以图 6-4 所示的实际系统为考查对象,对两个场景下维修模型中的关键参数包括维修费用 C_{pm}^i,$C_{\text{cm}}^i(i=1,2,3)$,C_{ms},C_r,C_d 以及每种部件分布函数中的寿命参数 λ_1,λ_2,μ 进行敏感性分析。以上参数的误差 e 分别设为:$e=0$(基准值),$\pm5\%$,$\pm10\%$,$\pm15\%$。

表 6-1 反映了场景 1 下最优策略 (N^*,T^*) 和最小投入成本 $\overline{C}_1(N^*,T^*)$ 对参数 $C_{\text{pm}}(i=1,2,3)$ 的敏感性。当 C_{pm} 的误差从 $e=-15\%$ 增加到 $e=5\%$ 时,最优策略 (N^*,T^*) 无变化。当误差从 $e=5\%$ 继续增加到 $e=15\%$ 时,最优维修次数 N^* 依然不变,最优维修周期从原来的 $T^*=97$ 变化到 $T^*=98$。说明最优策略整体上对参数 C_{pm}^1 有较小的敏感度。另一方面,当误差从 $e=-15\%$ 变化到 $e=15\%$ 时,最小投入成本 $\overline{C}_1(N^*,T^*)$ 从 214.105 2 变化到 214.586 5。可见,最小投入成本对参数 C_{pm} 同样具有较小敏感度。对表 6-1 中后六列数据分析的,最优策略 (N^*,T^*) 和最小投入成本 $\overline{C}_1(N^*,T^*)$ 对参数 C_{pm}^2 和 C_{pm}^3 同样具有较小敏感度。

表 6-1　参数 C_{pm}^1,C_{pm}^2,C_{pm}^3 的变化对最优策略 (N^*,T^*) 和最小投入成本 $\overline{C}_1(N^*,T^*)$ 的影响(场景1)

e	C_{pm}^1	(N^*,T^*)	$\overline{C}_1(N^*,T^*)$	C_{pm}^2	(N^*,T^*)	$\overline{C}_1(N^*,T^*)$	C_{pm}^3	(N^*,T^*)	$\overline{C}_1(N^*,T^*)$
-15%	85	(15,97)	214.105 2	170	(15,97)	213.679 6	255	(15,97)	213.266 4
-10%	90	(15,97)	214.185 4	180	(15,97)	213.901 7	270	(15,97)	213.626 2

表 6-1(续)

e	C_{pm}^1	(N^*,T^*)	$\overline{C}_1(N^*,T^*)$	C_{pm}^2	(N^*,T^*)	$\overline{C}_1(N^*,T^*)$	C_{pm}^3	(N^*,T^*)	$\overline{C}_1(N^*,T^*)$
-5%	95	(15,97)	214.265 6	190	(15,97)	214.123 8	285	(15,97)	213.986 0
0	100	(15,97)	214.345 8	200	(15,97)	214.345 8	300	(15,97)	214.345 8
5%	105	(15,97)	214.426 1	210	(15,97)	214.567 9	315	(15,98)	214.704 8
10%	110	(15,98)	214.506 3	220	(15,98)	214.787 8	330	(15,98)	215.060 3

表 6-2 记录了最优策略 (N^*,T^*) 和最小投入成本 $\overline{C}_1(N^*,T^*)$ 对纠正维修,即参数 $C_{\mathrm{cm}}^i(i=1,2,3)$ 的敏感性。与表 6-1 分析类似,当 C_{cm}^1 的误差从 $e=-15\%$ 变化到 $e=15\%$ 时,(N^*,T^*) 和 $\overline{C}_1(N^*,T^*)$ 均无变化,说明最优策略和最小投入成本对参数 C_{cm}^1 不敏感。同理,从表 6-2 的后六列数据可得,最优策略 (N^*,T^*) 对参数 C_{cm}^2 和 C_{cm}^3 同样不敏感。最小投入成本 $\overline{C}_1(N^*,T^*)$ 对 C_{cm}^2 和 C_{cm}^3 具有微小的敏感性。

表 6-2　参数 C_{cm}^1,C_{cm}^2,C_{cm}^3 的变化对最优策略 (N^*,T^*) 和最小投入成本 $\overline{C}_1(N^*,T^*)$ 的影响(场景 1)

e	C_{cm}^1	(N^*,T^*)	$\overline{C}_1(N^*,T^*)$	C_{cm}^2	(N^*,T^*)	$\overline{C}_1(N^*,T^*)$	C_{cm}^3	(N^*,T^*)	$\overline{C}_1(N^*,T^*)$
-15%	340	(15,97)	214.345 8	425	(15,97)	214.206 8	595	(15,97)	214.337 8
-10%	360	(15,97)	214.345 8	450	(15,97)	214.253 1	630	(15,97)	214.340 5
-5%	380	(15,97)	214.345 8	475	(15,97)	214.299 5	665	(15,97)	214.343 2
0	400	(15,97)	214.345 8	500	(15,97)	214.345 8	700	(15,97)	214.345 8
5%	420	(15,97)	214.345 8	525	(15,97)	214.392 2	735	(15,97)	214.348 5
10%	440	(15,97)	214.345 8	550	(15,97)	214.438 6	770	(15,97)	214.351 2
15%	460	(15,97)	214.345 8	575	(15,97)	214.484 9	805	(15,97)	214.353 8

表 6-3 体现了最优策略 (N^*,T^*) 和最小投入成本 $\overline{C}_1(N^*,T^*)$ 对整体维修费用 C_{ms},更换费用 C_{r} 和停产费用 C_{d} 的敏感性。当 C_{ms} 的误差从 $e=-15\%$ 变化到 $e=15\%$ 时,(N^*,T^*) 无变化,$\overline{C}_1(N^*,T^*)$ 从 210.743 8 几乎线性变化到 217.947 9。说明最优策略对参数 C_{ms} 不敏感,最小投入成本 $\overline{C}_1(N^*,T^*)$ 对参数 C_{ms} 有微小的敏感性。同理,当 C_{r} 的误差从 $e=-15\%$ 变化到 $e=15\%$ 时,N^* 不变,T^* 从 91 线性变化到 103。与基准值 $T^*=97$ 相比,最大变化幅度为 6.19%(对应 $e=\pm15\%$)。说明最优策略中 N^* 对参数 C_{r} 不敏感,T^* 对参数 C_{r} 具有较小的敏感度。另外,$\overline{C}_1(N^*,T^*)$ 从 201.627 1 变化到 226.327 8。与基准值 $T^*=91$ 214.345 8 相比,最大变化幅度为 5.93%(对应 $e=-15\%$)。说明最小投入成本 $\overline{C}_1(N^*,T^*)$ 对参数 C_{r} 略微敏感。同理可得,最优策略中 N^* 对参数 C_{d} 不敏感,T^* 对参数 C_{d} 略微敏感。最小投入成本 $\overline{C}_1(N^*,T^*)$ 对参数 C_{d} 略微敏感。

表 6-3　参数 C_{ms}, C_r, C_d 对维修策略(N^*, T^*)和最小投入成本$\bar{C}_1(N^*, T^*)$的影响(场景1)

e	C_{ms}	(N^*, T^*)	$\bar{C}_1(N^*, T^*)$	C_r	(N^*, T^*)	$\bar{C}_1(N^*, T^*)$	C_d	(N^*, T^*)	$\bar{C}_1(N^*, T^*)$
-15%	12 750	(15,97)	210.743 8	102 000	(15,91)	201.627 1	850	(15,105)	199.653 2
-10%	13 500	(15,97)	211.944 5	108 000	(15,93)	205.957 7	900	(15,102)	204.691 1
-5%	14 250	(15,97)	213.145 2	114 000	(15,95)	210.195 3	950	(15,100)	209.583 4
0	15 000	(15,97)	214.345 8	120 000	(15,97)	214.345 8	1 000	(15,97)	214.345 8
5%	15 750	(15,97)	215.546 5	126 000	(15,99)	218.414 8	1 050	(15,95)	218.984 8
10%	16 500	(15,97)	216.747 2	132 000	(15,101)	222.407 2	1 100	(15,93)	223.511 2
15%	17 250	(15,97)	217.947 9	138 000	(15,103)	226.327 8	1 150	(15,91)	227.932 9

表 6-4　参数 $\lambda_1, \lambda_2, \mu$ 的变化对最优策略(N^*, T^*)和最小投入成本$\bar{C}_1(N^*, T^*)$的影响(场景1)

e	λ_1	(N^*, T^*)	$\bar{C}_1(N^*, T^*)$	λ_2	(N^*, T^*)	$\bar{C}_1(N^*, T^*)$	μ	(N^*, T^*)	$\bar{C}_1(N^*, T^*)$
-15%	4.65×10^{-4}	(15,105)	195.924 4	3.88×10^{-4}	(15,97)	214.159 8	5.82×10^{-4}	(15,97)	214.438 6
-10%	4.93×10^{-4}	(15,103)	202.198 8	4.11×10^{-4}	(15,97)	214.218 7	6.16×10^{-4}	(15,97)	214.393 7
-5%	5.20×10^{-4}	(15,100)	208.335 7	4.34×10^{-4}	(15,97)	214.280 7	6.50×10^{-4}	(15,97)	214.364 7
0	5.48×10^{-4}	(15,97)	214.345 8	4.56×10^{-4}	(15,97)	214.345 8	6.84×10^{-4}	(15,97)	214.345 8
5%	5.75×10^{-4}	(15,95)	220.233 8	4.79×10^{-4}	(15,97)	214.414 3	7.19×10^{-4}	(15,97)	214.333 5
10%	6.02×10^{-4}	(15,93)	226.011 8	5.02×10^{-4}	(15,97)	214.486 3	7.53×10^{-4}	(15,97)	214.325 5
15%	6.30×10^{-4}	(15,91)	231.684 8	5.25×10^{-4}	(15,97)	214.561 7	7.87×10^{-4}	(15,97)	214.320 4

表 6-5～表 6-8 是场景 2 下最优策略(N^*, T^*)和最小投入成本$\bar{C}_1(N^*, T^*)$对各个参数的敏感性。

表 6-5　参数 $C_{pm}^1, C_{pm}^2, C_{pm}^3$ 的变化对最优策略(N^*, T^*)和最小投入成本$\bar{C}_2(N^*, T^*)$的影响(场景2)

e	C_{pm}^1	(N^*, T^*)	$\bar{C}_2(N^*, T^*)$	C_{pm}^2	(N^*, T^*)	$\bar{C}_2(N^*, T^*)$	C_{pm}^3	(N^*, T^*)	$\bar{C}_2(N^*, T^*)$
-15%	85	(12,121 1)	46.996 0	170	(12,120 9)	46.991 8	255	(12,120 5)	46.982 5
-10%	90	(12,121 2)	46.997 9	180	(12,121 0)	46.995 1	270	(12,120 7)	46.988 9
-5%	95	(12,121 2)	46.999 7	190	(12,121 1)	46.998 3	285	(12,121 0)	46.995 3
0	100	(12,121 2)	47.001 6	200	(12,121 2)	47.001 6	300	(12,121 2)	47.001 6
5%	105	(12,121 3)	47.003 4	210	(12,121 3)	47.004 8	315	(12,121 5)	47.007 8
10%	110	(12,121 3)	47.005 2	220	(12,121 5)	47.008 0	330	(12,121 7)	47.014 0
15%	115	(12,121 4)	47.007 1	230	(12,121 7)	47.011 2	345	(12,122 0)	47.020 2

表 6-6　参数 $C_{cm}^1, C_{cm}^2, C_{cm}^3$ 的变化对最优策略 (N^*, T^*) 和最小投入成本 $\overline{C}_2(N^*, T^*)$ 的影响(场景 2)

e	C_{cm}^1	(N^*, T^*)	$\overline{C}_2(N^*, T^*)$	C_{cm}^2	(N^*, T^*)	$\overline{C}_2(N^*, T^*)$	C_{cm}^3	(N^*, T^*)	$\overline{C}_2(N^*, T^*)$
−15%	340	(12,121 2)	47.001 6	425	(12,120 7)	46.984 2	595	(12,121 1)	46.987 4
−10%	360	(12,121 2)	47.001 6	450	(12,120 9)	46.990 0	630	(12,121 1)	46.992 2
−5%	380	(12,121 2)	47.001 6	475	(12,121 0)	46.995 8	665	(12,121 2)	46.996 9
0	400	(12,121 2)	47.001 6	500	(12,121 2)	47.001 6	700	(12,121 2)	47.001 6
5%	420	(12,121 2)	47.001 6	525	(12,121 4)	47.007 3	735	(12,121 3)	47.006 3
10%	440	(12,121 2)	47.001 6	550	(12,121 6)	47.013 0	770	(12,121 3)	47.011 0
15%	460	(12,121 2)	47.001 6	575	(12,121 7)	47.018 8	805	(12,121 3)	47.015 7

表 6-7　参数 C_{ms}, C_r 的变化对最优策略 (N^*, T^*) 和最小投入成本 $\overline{C}_2(N^*, T^*)$ 的影响(场景 2)

e	C_{ms}	(N^*, T^*)	$\overline{C}_2(N^*, T^*)$	C_r	(N^*, T^*)	$\overline{C}_2(N^*, T^*)$
−15%	12 750	(13,1 267)	43.077 5	102 000	(11,119 2)	43.774 2
−10%	13 500	(12,1 261)	44.413 3	108 000	(11,120 9)	44.875 4
−5%	14 250	(12,1 235)	45.709 7	114 000	(12,119 6)	45.961 9
0	15 000	(12,1 212)	47.001 6	120 000	(12,121 2)	47.001 6
5%	15 750	(12,1 191)	48.289 2	126 000	(12,122 8)	48.039 0
10%	16 500	(12,1 171)	49.573 0	132 000	(12,124 4)	49.074 5
15%	17 250	(11,1 183)	50.765 4	138 000	(13,123 6)	50.091 0

表 6-8　参数 $\lambda_1, \lambda_2, \mu$ 的变化对最优策略 (N^*, T^*) 和最小投入成本 $\overline{C}_2(N^*, T^*)$ 的影响(场景 2)

e	λ_1	(N^*, T^*)	$\overline{C}_2(N^*, T^*)$	λ_2	(N^*, T^*)	$\overline{C}_2(N^*, T^*)$	μ	(N^*, T^*)	$\overline{C}_2(N^*, T^*)$
−15%	4.65×10^{-4}	(12,116 8)	42.502 5	3.88×10^{-4}	(12,122 8)	46.263 5	5.82×10^{-4}	(12,106 2)	48.848 3
−10%	4.93×10^{-4}	(12,118 2)	43.997 2	4.11×10^{-4}	(12,122 2)	46.505 2	6.16×10^{-4}	(12,111 0)	48.171 3
−5%	5.20×10^{-4}	(12,119 7)	45.496 7	4.34×10^{-4}	(12,121 7)	46.751 3	6.50×10^{-4}	(12,115 9)	47.558 5
0	5.48×10^{-4}	(12,121 2)	47.001 6	4.56×10^{-4}	(12,121 2)	47.001 6	6.84×10^{-4}	(12,121 2)	47.001 6
5%	5.75×10^{-4}	(12,122 8)	48.512 0	4.79×10^{-4}	(12,120 7)	47.255 9	7.19×10^{-4}	(12,128 0)	46.492 9
10%	6.02×10^{-4}	(12,124 5)	50.028 4	5.02×10^{-4}	(12,120 4)	47.514 1	7.53×10^{-4}	(12,133 5)	46.025 7
15%	6.30×10^{-4}	(12,126 2)	51.550 9	5.25×10^{-4}	(12,119 9)	47.776 2	7.87×10^{-4}	(12,141 2)	45.593 4

表 6-5 中，当 C_{pm}^1 在误差 $[-15\%, 15\%]$ 内变化时，N^* 相对于基准值 $N^* = 12$ 无变化，T^* 相对于基准值 $T^* = 1\,212$ 最大变化为 0.17%（对应 $e = 15\%$），$\overline{C}_2(N^*, T^*)$ 的最大变化为 0.01%（对应 $e = 15\%$）。说明 N^* 对参数 C_{pm}^1 不敏感，T^* 对 C_{pm}^1 具有微小的敏感度，$\overline{C}_2(N^*, T^*)$ 对 C_{pm}^1 几乎不敏感。同理可得，N^* 对参数 C_{pm}^2 和 C_{pm}^3 不敏感，T^* 对 C_{pm}^2 和 C_{pm}^3 具有微小的敏感度，$\overline{C}_2(N^*, T^*)$ 对 C_{pm}^2 和 C_{pm}^3 几乎不敏感。

表 6-4 呈现了最优策略 (N^*, T^*) 和最小投入成本 $\overline{C}_1(N^*, T^*)$ 对 PLC、伺服器、抓举机械手寿命分布函数中参数 $\lambda_1, \lambda_2, \mu$ 的敏感性。与表 6-1、表 6-2 和表 6-3 分析类似，经分析可得，N^* 对参数 $\lambda_1, \lambda_2, \mu$ 不敏感，T^* 对参数 λ_1 略微敏感，对参数 λ_2, μ 不敏感。最小投入成本 $\overline{C}_1(N^*, T^*)$ 对参数 λ_1 略微敏感，对参数 λ_2, μ 几乎不敏感。

与表 6-5 中的数据分析类似，对表 6-6 中的数据经分析可得，N^* 对参数 C_{cm}^1、C_{cm}^2 和 C_{cm}^3 均不敏感。T^* 对参数 C_{cm}^1、C_{cm}^2 和 C_{cm}^3 分别是不敏感（无变化），略微敏感（最大变化为 0.41%），几乎不敏感（最大变化为 0.08%）。$\overline{C}_2(N^*, T^*)$ 对参数 C_{cm}^1、C_{cm}^2 和 C_{cm}^3 分别是不敏感，几乎不敏感（最大变化为 0.036%），几乎不敏感（最大变化为 0.029%）。

与表 6-5 和表 6-6 分析类似，表 6-7 中，经分析可得 N^* 对参数 C_{ms}, C_r 均具有较小的敏感度（二者的最大变化均为 8.3%，对应 $e = \pm 15\%$），T^* 对参数 C_{ms}, C_r 均具有较小的敏感度（最大变化分别为 4.5% 和 1.7%，均对应 $e = -15\%$），$\overline{C}_2(N^*, T^*)$ 对参数 C_{ms}, C_r 均具有较小的敏感度（最大变化分别为 8.4% 和 6.8%，均对应 $e = -15\%$）。

表 6-8 中，经分析可得，N^* 对参数 $\lambda_1, \lambda_2, \mu$ 均不敏感。T^* 对参数 $\lambda_1, \lambda_2, \mu$ 分别具有较小的敏感度、微小的敏感度和一定的敏感度（最大变化分别为 4.1%、1.3% 和 16.5%，对应 $e = 15\%$，$e = -15\%$ 和 $e = 15\%$），$\overline{C}_2(N^*, T^*)$ 对参数 $\lambda_1, \lambda_2, \mu$ 分别具有较小的敏感度，微小的敏感度和较小的敏感度。（最大变化分别为 9.7%、1.6% 和 3.9%，均对应 $e = 15\%$，$e = -15\%$ 和 $e = -15\%$）。

综上，在场景 1 下，实际系统的最优维修次数 N^* 对每种类型设备的预防维修费用、纠正维修费用、整体维修费用、更换费用和停产费用均不敏感，对 PLC、伺服器、抓举机械手寿命分布函数中参数 $\lambda_1, \lambda_2, \mu$ 同样均不敏感。最优维修周期 T^* 对预防维修费用略微敏感，对纠正维修费用和整体维修费用不敏感，对更换费用和停产费用具有较小的敏感度，对伺服驱动器和机械手的寿命参数 λ_2, μ 不敏感，但对 PLC 的寿命参数 λ_1 略微敏感。另外，最小投入成本 $\overline{C}_2(N^*, T^*)$ 对每种类型设备的预防维修费用，纠正维修费用，整体维修费用和更换费用和停产费用都具有较小或微小的敏感度，对参数 λ_1 略微敏感，但对 λ_2, μ 几乎不敏感。在场景 2 下，N^* 对每种设备的预防维修费用和纠正维修费用均不敏感，对整体维修费用和更换费用具有较小的敏感度，对设备的寿命参数 $\lambda_1, \lambda_2, \mu$ 均不敏感。T^* 对每种的设备的预防维修费用略微敏感或几乎不敏感，对 PLC 的纠正维修费用不敏感，对伺服驱动器的纠正维修费用略微敏感和对机械手的纠正维修费用几乎不敏感。另外，$\overline{C}_2(N^*, T^*)$ 对每种设备的预防维修费用几乎不敏感，对纠正维修费用不敏感或几乎不敏感，对整体维修费用和更换费用具有较小的敏感度，对寿命参数 $\lambda_1, \lambda_2, \mu$ 具有较小或微小的敏感度。

6.5　本章小结

　　本章根据系统失效后能否及时维修确定了两个不同维修场景，并针对两个场景研究了多类型相干系统的维修更换策略。在每个场景下均以系统寿命周期内单位时间平均投入成本最小为目标，研究了系统的最优维修更换策略，给出了求解最优策略的启发式 AFSA。对最优结果分别给出了实际系统和具有复杂结构的仿真系统的数值算例，之后对实际系统的关键参数进行了敏感性分析。数值算例和敏感性分析结果验证了模型的正确性，健壮性和求解算法的高效性，使模型可以应用到不同的生产系统和控制系统。

7　网络控制系统优化维修模型

7.1　引言

本章将对大规模多节点网络控制系统作为研究对象,研究其优化维修模型。多数维护方法都需要知道维护对象的重要信息,如设备目前工作状态、随机失效过程参数及失效时间等信息。这些信息要求可获得而且能瞬时检测到。但在实际系统中,这往往是困难的,甚至不可能实现。例如,为了尽可能获得准确的随机失效过程参数,确定其失效模型,需要花费大量时间和精力采集系统失效数据。有些数据甚至对环境和传感器非常敏感,导致误差很大。可见维护方法有其固有的局限性。而维修不会遇到上述问题,主要因为维修是在设备或系统失效后才对其修理,无须事先知晓设备的相关信息。本章将研究实际的网络控制系统(如图 7-1 所示)的优化维修模型。

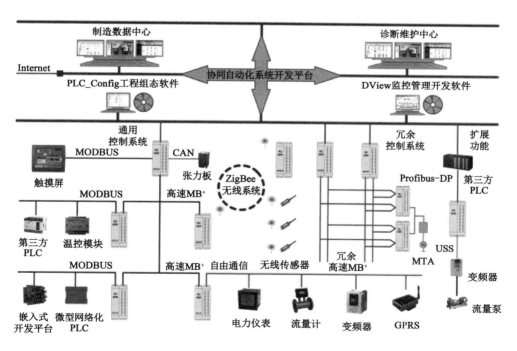

图 7-1　网络控制系统

本章针对系统中所有的控制器的重要程度建立两个维修模型:① 无优先级维修模型,② 优先级维修模型。在无优先级维修模型中,假设每个控制器都是同等重要的,其失效后有相同的维修优先级。该模型下的维修方法核心思想为:建立基于排队论的系统维修模型,分析系统的状态转移概率,确立系统的动态 Markov 过程为生灭过程。根据生灭过程计算失效控制器的期望失效时间及平均失效控制器个数。最后给出以系统稳定性为约束条件的优化系统损失代价的数学表达式。在优先级维修模型中,每个控制器都有相应的优先级,控制器失效后,按照优先级顺序进行维修。该模型下的维修思路为:根据控制器的重要程度给出每类控制器的维修优先级,分析并计算第一类控制器的平均失效时间,推导其余各类失效控制器的虚拟和真实等待时间的函数关系,用递推方式,计算各类控制器的平均失效时间。最后给出了带约束条件的优化维修表达式。

7.2 网络控制系统无优先级维修模型

7.2.1 系统模型描述

假设整个网络控制系统由 n 个控制器构成,每个控制器都独立工作。令 $\xi_i(1 \leqslant i \leqslant n)$ 表示第 i 个控制器的寿命,且 ξ_i 服从参数为 λ 的指数分布,即 $f_i(t) = \lambda e^{\lambda}$,其中 $f_i(t)$ 是 ξ_i 的概率密度函数。可见 $\{\xi_i, 1 \leqslant i \leqslant n\}$ 是独立同分布的随机变量。另外,此系统中,有 m 个维修人员对其维修。当某个控制器失效时,维修人员会立即对其维修,且一个维修人员一次只能修理一个失效控制器。因此,如果在很短的时间内,超过 m 个控制器失效时,多出的控制器只能排队等待维修。同样,假设 m 个维修人员的维修时间也是独立同分布的随机变量且服从参数为 μ 的指数分布,即 $g_i(t) = \mu e^{\mu}$。令 $N(t) \in \Omega$ 表示 t 时刻系统所处状态,该状态定义为系统中失效控制器的数量。其中,$\Omega = \{1, 2, \cdots n\}$ 是系统的状态空间。可见 $\{N(t), t \geqslant 0\}$ 状态转移的过程具有 Markov 性。

7.2.2 系统状态转移概率

该节中,通过分析系统中任意两个状态转移概率来确定系统的 Markov 性。令 $p_{ij}(\Delta t)$ 表示在 Δt 时间内系统从状态 i 转移到状态 j 的转移概率,即

$$p_{ij}(\Delta t) = p\{N(t + \Delta t) = j \mid N(t) = i\} \tag{7-1}$$

为了简化说明,令 $\eta_i(\Delta t)$ 和 $\zeta_i(\Delta t)$ 分别表示在 Δt 时间内 i 个控制器失效和 j 个控制器修好这两类事件。如果 $\eta_i(\Delta t)$ 发生,则 $P((\Delta t)) = C_m^i \cdot (1 - e^{-2\lambda \Delta t})(e^{-2\lambda \Delta t})^{n-i}$。因此,在 Δt 时间内系统由状态 i 到状态 $i+1$ 的转移概率 $p_{i,i+1}(\Delta t)$ 为:

$$p_{ij}(\Delta t) = p[N(t + \Delta t) = j \mid N(t) = i]$$
$$= \sum_{j=0} P(\eta_{j+1}(\Delta t) \& \zeta_j(\Delta t)) \tag{7-2}$$

式(7-2)中,由于 i 和 m 之间的关系,存在两种情况。即,

(1) 当 $0 \leqslant i < m$ 时,$p_{i,i+1}(\Delta t)$ 为:

$$p_{i,i+1}(\Delta t) = \sum_{j=0}^{i} P(\eta_{j+1}(\Delta t) \& \zeta_j(\Delta t))$$
$$= \sum_{j=0}^{i} P(\eta_{j+1}(\Delta t)) \cdot P(\zeta_j(\Delta t))$$

$$= \sum_{j=0}^{i} C_{n-i}^{j+1} (1 - e^{-\lambda \Delta t})^{j+1} (e^{-\lambda \Delta t})^{n-i-j-1} \cdot C_i^j (1 - e^{-\mu \Delta t})^j (e^{-u \Delta t})^{i-j}$$

$$= (n-i)\lambda \Delta t + o(\Delta t) \tag{7-3}$$

（2）当 $m \leqslant i < n$ 时，$p_{i,i+1}(\Delta t)$ 为：

$$p_{i,i+1}(\Delta t) = \sum_{j=0}^{m} P(\eta_{j+1}(\Delta t) \& \zeta_j(\Delta t))$$

$$= \sum_{j=0}^{m} P(\eta_{j+1}(\Delta t)) \cdot P(\zeta_j(\Delta t))$$

$$= \sum_{j=0}^{m} C_{n-i}^{j+1} (1 - e^{-\lambda \Delta t})^{j+1} (e^{-\lambda \Delta t})^{n-i-j-1} \cdot C_m^j (1 - e^{-\mu \Delta t})^j (e^{-u \Delta t})^{m-j}$$

$$= (n-i)\lambda \Delta t + o(\Delta t) \tag{7-4}$$

由于式（7-3）和式（7-4）具有相同的结果，因此 $p_{i,i+1}(\Delta t)$ 可以统一表示为：

$$p_{i,i+1}(\Delta t) = (n-i)\lambda \Delta t + o(\Delta t) \qquad (0 \leqslant i < n) \tag{7-5}$$

根据瞬时转移概率的定义，与 $p_{i,i+1}(\Delta t)$ 对应的瞬时转移概率 $p_{i,i+1}$ 为：

$$p_{i,i+1} = \lim_{\Delta t \to 0} \frac{p_{i,i+1}(\Delta t)}{\Delta t}$$

$$= (n-i)\lambda \tag{7-6}$$

同理，与 $p_{i,i+1}(\Delta t)$ 类似，$p_{i,i-1}(\Delta t)$ 可以表示为：

$$p_{i,i-1}(\Delta t) = P(N(t + \Delta t) = i - 1 \mid N(t) = i)$$

$$= \sum_j P(\eta_j(\Delta t) \& \zeta_{j+1}(\Delta t)) \tag{7-7}$$

同样，由于变量 i 和 m 的关系，$p_{i,i-1}(\Delta t)$ 也有两种情况，即

（1）当 $1 \leqslant i < m$ 时，$p_{i,i-1}(\Delta t)$ 为：

$$p_{i,i-1}(\Delta t) = \sum_{j=0}^{i-1} P(\eta_j(\Delta t) \& \zeta_{j+1}(\Delta t))$$

$$= \sum_{j=0}^{i-1} P(\eta_j(\Delta t)) \cdot P(\zeta_{j+1}(\Delta t))$$

$$= \sum_{j=0}^{i-1} C_{n-i}^j (1 - e^{-\lambda \Delta t})^j (e^{-\lambda \Delta t})^{n-i-j} \cdot C_i^{j+1} (1 - e^{-\mu \Delta t}) j + 1 (e^{-u \Delta t})^{i-j-1}$$

$$= iu \Delta t + o(\Delta t) \tag{7-8}$$

（2）当 $m \leqslant i \leqslant n$ 时，$p_{i,i-1}(\Delta t)$ 为：

$$p_{i,i-1}(\Delta t) = \sum_{j=0}^{m} P(\eta_j(\Delta t) \& \zeta_{j+1}(\Delta t))$$

$$= \sum_{j=0}^{m} P(\eta_j(\Delta t)) \cdot P(\zeta_j(\Delta t))$$

$$= \sum_{j=1}^{m} C_{n-i}^j (1 - e^{-\lambda \Delta t})^j (e^{-\lambda \Delta t})^{n-i-j} \cdot C_m^{j+1} (1 - e^{-\mu \Delta t})^{j+1} (e^{-\mu \Delta t})^{m-j-1}$$

$$= m\mu \Delta t + o(\Delta t) \tag{7-9}$$

根据式（7-8）和式（7-9），$p_{i,i-1}(\Delta t)$ 最终可表示为：

$$p_{i,i-1}(\Delta t) = \begin{cases} i\mu \Delta t + o(\Delta t) & 1 \leqslant i < m \\ m\mu \Delta t + o(\Delta t) & i \geqslant m \end{cases} \tag{7-10}$$

因此，与 $p_{i,i-1}(\Delta t)$ 对应的瞬时转移概率为：

$$p_{i,i-1} = \lim_{\Delta t \to 0} \frac{p_{i,i-1}(\Delta t)}{\Delta t}$$

$$= \begin{cases} i\mu & 1 \leqslant i < m \\ m\mu & i \geqslant m \end{cases} \tag{7-11}$$

至此，系统中两个相邻状态之间转移概率已求得。用同样的方式，可求在 Δt 时间内不相邻状态之间的转移概率为：

$$p_{i,j}(\Delta t) = o(\Delta t) \quad j \neq i-1, i, i+1 \tag{7-12}$$

及状态的自身转移概率为：

$$p_{i,i}(\Delta t) = \begin{cases} -[(n-i)\lambda + i\mu]\Delta t + o(\Delta t) & 1 \leqslant i < m \\ -[(n-i)\lambda + m\mu]\Delta t + o(\Delta t) & i \geqslant m \end{cases} \tag{7-13}$$

式(7-12)和式(7-13)对应的瞬时转移概率为：

$$p_{i,j} = 0 \quad j \neq i-1, i, i+1 \tag{7-14}$$

和

$$p_{i,i} = \begin{cases} -[(n-i)\lambda + i\mu] & 1 \leqslant i < m \\ -[(n-i)\lambda + m\mu] & i \geqslant m \end{cases} \tag{7-15}$$

至此，任意两个系统状态之间的转移概率都已求得。由于不相邻状态之间的转移概率都为0，因此，系统的 Markov 过程 $\{N(t), t \geqslant 0\}$ 实际上以 Ω 为状态空间的生灭过程。其中生灭过程的两个重要参数生率和灭率分别为：

$$\gamma_i = (n-i)\lambda \quad 0 \leqslant i \leqslant n-1 \tag{7-16}$$

和

$$\nu_i = \begin{cases} i\mu & 1 \leqslant i < m \\ m\mu & m \leqslant i \leqslant n \end{cases} \tag{7-17}$$

令 q_i 为系统平稳状态概率，则通过解平稳状态方程得：

$$q_i = \frac{\gamma_{i-1}\gamma_{i-2}\cdots\gamma_0}{\nu_i \nu_{i-1} \cdots \nu_1} q_0$$

$$= \begin{cases} C_n^i \left(\dfrac{\lambda}{\mu}\right) q_0 & i = 0, 1\cdots, m-1 \\ C_n^i \dfrac{i!}{m! m^{i-m}} \left(\dfrac{\lambda}{\mu}\right) q_0 & i = m, m+1, \cdots, n \end{cases} \tag{7-18}$$

其中，q_0 可通过公式 $\sum_{i=0}^{n} q_i = 1$ 求得。

7.2.3　系统成本及优化问题

该节对系统成本优化问题进行分析。系统成本由控制器失效成本及维修人员维护成本构成。为了简化说明，引入如下符号：令 M 表示系统处于平稳状态时的失效控制器的数量，M^* 表示当某个控制器失效时等待维修队列中失效控制器的数量（刚失效的控制器也在其中）。相应的，令 $p_i = P\{M = i\}$，$p_i^* = P\{M^* = i\}$。根据排队理论，通常来讲，$p_i \neq p_i^*$。由于失效控制器构成的排队队列实际上是输入为有限源输入的生灭队列，因此根据排队论理论可得：

$$p_i^* = \frac{\gamma_i q_i}{\sum\limits_{j=0} \gamma_j q_j} \tag{7-19}$$

将式(7-16)代入式(7-19)得:

$$p_i^* = \frac{(n-i)q_i}{\sum\limits_{j=0}^{n-1}(n-j)q_j} \tag{7-20}$$

令 T 表示控制器的失效时间, $u(t)$ 表示 T 的概率密度函数。令 W 和 V 分别表示失效控制器的排队等待时间和修理时间, $w(t)$ 和 $v(t)$ 分别表示 W 和 V 的概率密度函数, $W(t)$ 和 $V(t)$ 分别表示 W 和 V 的分布函数。则 $W(t)$ 可表示为:

$$\begin{aligned}
W(t) &= P(W \leqslant t)\\
&= P(W=0) + P(0 < W \leqslant t)\\
&= \sum_{i=0}^{m-1} p_i^* + \sum_{i=m}^{n-1} p_i^* P(0 < W \leqslant t \mid N = i)\\
&= \sum_{i=0}^{m-1} p_i^* + \sum_{i=m}^{n-1} p_i^* \int_0^t \frac{m\mu\,(m\mu x)^{i-m}}{(i-m)!} \mathrm{e}^{-m\mu x}\mathrm{d}x\\
&= 1 - \sum_{i=m}^{n-1} p_i^- \mathrm{e}^{-m\mu t}\left[1 + m\mu t + \cdots + \frac{(m\mu t)^{i-m}}{(i-m)!}\right]
\end{aligned} \tag{7-21}$$

对 $W(t)$ 进行微分得:

$$w(t) = \begin{cases}
\sum\limits_{i=0}^{m-1} p_i^* & t = 0\\[2mm]
\sum\limits_{i=m}^{n-1} p_i^* \dfrac{m\mu\,(m\mu t)^{i-m}}{(i-m)!}\mathrm{e}^{-m\mu t} & t \geqslant 0
\end{cases} \tag{7-22}$$

由于修理时间服从参数为 μ 的指数分布,因此 $v(t)$ 可表示为 $v(t) = \mu\mathrm{e}^{-\mu t}$。控制器的失效时间是由排队等待时间和修理时间构成,即 $T = W + V$。因此 $\mu(t)$ 可以通过 $w(t)$ 和 $v(t)$ 的卷积进行计算,即

$$\begin{aligned}
u(t) &= w(t) * v(t)\\
&= \int_0^t w(x) v(t-x)\mathrm{d}x\\
&= \sum_{i=0}^{m-1} p_i^* \mu\mathrm{e}^{-\mu t} + \sum_{i=m}^{n-1} p_i^*\left[\sum_{j=0}^{i-m}\frac{\mu\,(m\mu t)^j}{j!}\left(\frac{m}{1-m}\right)^{i-m+1-j}\mathrm{e}^{-m\mu t} - \left(\frac{m}{1-m}\right)^{i-m+1}\mu\mathrm{e}^{-\mu t}\right]
\end{aligned} \tag{7-23}$$

控制器失效时间的数学期望为:

$$\begin{aligned}
\overline{T} &= \int_0^\infty t \cdot u(t)\mathrm{d}t\\
&= \frac{1}{\mu}\sum_{i=0}^{m-1} p_i^* + \frac{1}{\mu}\sum_{i=m}^{n-1} p_i^*\left[\frac{4m^2}{(2m-1)^2}\left(\frac{m}{1-m}\right)^{i-m} - \frac{(1-2m)i + 2m^2 - 4m + 1}{m\,(2m-1)^2}\right]
\end{aligned} \tag{7-24}$$

控制器的失效会对系统稳定性造成一定影响,该影响可以认为是一种损失。为了描述这种损失,对每个失效控制器赋予一个损失权值 c_1 $(c_1 > 0)$。该模型中,并没有考虑控制器

的优先级,因此每个失效控制器的损失权值相同。另外,维修费用也是一种损失(可看作是维修成本),该损失与维修率成正比。因此,令 $c_2\mu(c_2>0)$ 为一个维修人员的损失成本。则该系统的所有损失可以表示为:

$$C_1(\mu) = c_1 \bar{N}\bar{T} + c_2 m\mu \tag{7-25}$$

式(7-25)是关于维修率的损失函数。令 $k_1<\mu<k_2$,同时为了保证系统的稳定性,需要对失效控制器的数量进行约束,令 $\bar{N}<k_3$。其中,k_1,k_2,k_3 为正常数。因此带约束条件的系统损失优化问题可以描述为:

$$\begin{aligned} \text{Minimize} \quad & C_1(\mu) \\ \text{Subject to} \quad & k_1 < \mu < k_2 \\ & \bar{N} < k_3 \end{aligned} \tag{7-26}$$

7.3 网络控制系统优先级维修模型

本节中,考虑每个控制器都有一定的优先级。每个失效控制器都按照优先级顺序进行维修,优先级高的控制器先被维修,低的后被维修。因此,本节中,用非抢占优先排队规则来研究失效控制器的维修问题。在 7.2.1 节对系统描述的基础上,进一步假设系统中有 m 类控制器,每类控制器的优先级分别标记为 $d_1,d_2,\cdots,d_m$,且 $d_1>d_2>\cdots>d_m$。令 T_i 和 R_i 分别表示优先级为 d_i 的失效控制器的期望等待时间和维修时间。

7.3.1 期望失效时间分析

当某个优先级为 d_1 的控制器失效时,维修人员处于繁忙期,即正在维修其他的失效控制器,此时该失效控制器需要排队等待。该等待时间主要由两部分组成,一是所有先于该控制器失效的其他优先级为 d_1 控制器的排队等待时间之和。二是正在被维修的失效控制器的剩余维修时间。即

$$T_1 = E\Big[\sum_{i=1}^{L_1} R_{1i}\Big] + q \cdot E[R_\varepsilon] \tag{7-27}$$

其中,R_{1i} 表示优先级为 d_1 的第 i 个先于该控制器的失效控制器失效时间;L_1 表示当该控制器失效时,等待维修的优先级为 d_1 的失效控制器的个数;q 为维修工人繁忙(即正在维修)的概率;R_ε 表示正在被维修的控制器的剩余维修时间。实际上,R_{1i} 是独立同分布的随机变量,因此具有相同的数学期望,令其为 $E[R_1]$。同样,L_1 也是随机变量,且与控制器的失效时刻无关。因此式(7-27)右端第一个多项式可表示为:

$$E\Big[\sum_{i=1}^{L_1} R_{1i}\Big] = E[L_1] \cdot E[R_1] \tag{7-28}$$

通常来讲,维修人员正在维修的概率由其工作强度(用 ρ 表示)决定,因此 $q=\rho$。式(7-27)可重新写为:

$$T_1 = E[L_1] \cdot E[R_1] + \rho \cdot E[R_\varepsilon] \tag{7-29}$$

由 Little 公式,可知 $E[L_1]=\lambda_1 \cdot T_1$,将其代回式(7-29)并对其化简,可得:

$$T_1 = \frac{\rho \cdot E[R_\epsilon]}{1 - \rho_1} \qquad (7\text{-}30)$$

其中 $E[R_\epsilon]$ 可以通过 $E[R_\epsilon] = \int_{t=0}^{\infty} t \cdot r_\epsilon(t)\mathrm{d}t$ 求得,$r_\epsilon(t)$ 是 R_ϵ 的概率密度函数。

7.3.2 虚拟和真实失效时间的关系

与分析 T_1 的情况类似,如果一个优先级为 d_2 的控制器失效,其失效时间可表示为:

$$T_2 = E[L_2] \cdot E[R_2] + E[L_1] \cdot E[R_1] + \rho \cdot E[R_\epsilon] \qquad (7\text{-}31)$$

其中,L_2 是一随机变量,表示先于该控制器失效的且优先级为 d_2 的失效控制器个数。R_2 亦是随机变量,表示优先级为 d_2 的失效控制器的修理时间。变量 L_1、R_1 和 R_ϵ 的含义与式 (7-27) 相同。实际上,T_2 是一个虚拟时间。原因在于当该控制器从失效时刻开始,经过 T_2 时间后,不一定能被维修人员维修。在 T_2 时间段内,可能有优先级为 d_1 的控制器失效,按照优先排队规则,它会比优先级为 d_2 的失效控制器先得到维修,这会导致优先级为 d_2 的失效控制器实际等待维修时间长于 T_2。

需要对虚拟等待时间 T_2 与实际等待时间(记为 M_2)的关系进行分析。为了更好地描述二者之间的关系,首先引入操作时间的概念。操作时间被定义为维修工人从开始维修某个失效控制器开始,到维修工人闲置(即没有等待维修的失效控制器)这一时间间隔。需要强调,某个操作时间总是从维修某个失效控制器开始,即每个失效控制器都会引起一个操作时间。实际上,一个失效控制器引起的操作时间包括对该控制器的维修时间和之后的一系列操作时间之和,它是一个嵌套的概念。从概率理论可知,在每一个失效控制器的维修时间内引起的操作时间都是相互独立的。

假设一个失效控制器正在维修,其维修时间为 R_0。在 R_0 时间内,有 N 个优先级为 d_1 的控制器失效。令 M_{R_0} 表示在 R_0 时间内引起的操作时间。$M_{R_i}(1\leqslant i\leqslant N)$ 表示第 i 个失效控制器维修时间 R_i 内引起的操作时间。则

$$M_{R_0} = R_0 + M_{R_1} + \cdots + M_{R_N} \qquad (7\text{-}32)$$

在 R_0 和 N 已知的情况下,对式(7-32)两端进行拉普拉斯变换,并求期望得:

$$E[\mathrm{e}^{-SM_R} \mid R_0, N] = \mathrm{e}^{-SR_0} \cdot E[\mathrm{e}^{-S(M_{R_1} + \cdots + M_{R_N})}]$$
$$= \mathrm{e}^{-SR_0} \cdot [E(\mathrm{e}^{-SM_R})]^N \qquad (7\text{-}33)$$

其中 S 为复变量。令 $\varphi(S) = E(\mathrm{e}^{-SM_R})$,则有

$$E[\varphi(S)^N \mid R_0] = \sum_{i=0}^{\infty} \varphi(S)^i \cdot \mathrm{e}^{-\lambda R_0} \frac{(\lambda R_0)^i}{i!}$$
$$= \mathrm{e}^{-\lambda(1-\varphi(S))R_0} \qquad (7\text{-}34)$$

且有

$$\varphi(S) = E[E(\varphi(S)^N \mid R_0) \cdot \mathrm{e}^{-SR_0}]$$
$$= \int_0^{\infty} \mathrm{e}^{-\lambda(1-\varphi(S))R_0} \cdot \mathrm{e}^{-SR_0} \mathrm{d}G(R_0)$$
$$= \widetilde{G}(\lambda(1-\varphi(S)) + S) \qquad (7\text{-}35)$$

其中,$G(R_0)$ 是随机变量 R_0 的概率分布函数,其数学期望为 $1/\mu$。$\widetilde{G}(S)$ 是 $G(R_0)$ 经过拉普拉斯变换后的象函数。因为 $M_R = -\varphi'(0)$,因此 M_R 可以通过对 $\varphi(S)$ 求微分后再令 $S=0$

后求得。计算结果如下：

$$M_R = \frac{1}{\mu - \lambda} \tag{7-36}$$

某些情况下，$R_0 > R_i$，导致 M_{R_0} 与 M_{R_i} $1 \leqslant i \leqslant N$ 分布不同。因此，不失一般性，对公式(7-32)两端求数学期望，得：

$$
\begin{aligned}
E[M_{R_0}] &= E[R_0] + E\Big[\sum_{i=1}^{N} M_{R_i}\Big] \\
&= E[R_0] + \sum_{i=1}^{N} E[M_{R_i}] \\
&= E[R_0] + E[N] \cdot M_R \\
&= E[R_0] + \lambda E[R_0] \cdot M_R
\end{aligned} \tag{7-37}
$$

将公式(7-36)代入公式(7-37)得：

$$E[M_{R_0}] = \frac{E[R_0]}{1 - \rho_1} \tag{7-38}$$

式(7-38)反映的是一个失效控制器的修理时间和在该时间内引起的操作时间二者之间的关系，实际上，如果将 T_2 看成是 $E[R_0]$，将 M_2 看成是 $E[M_{R_0}]$，式(7-38)反映的也是虚拟等待时间和实际等待时间之间的关系。因此有：

$$M_2 = \frac{T_2}{1 - \rho_1} \tag{7-39}$$

将式(7-39)代入式(7-31)，得：

$$M_2 = \frac{\rho E[R_e]}{(1 - \rho_1)(1 - \rho_1 - \rho_2)} \tag{7-40}$$

至此，已经得到优先级为 d_2 的失效控制器平均等待时间。同理，可以得到优先级为 $d_i(3 \leqslant i \leqslant n)$ 的失效控制器的平均等待时间，如下：

$$M_i = \frac{\rho E[R_e]}{\Big(1 - \sum\limits_{j=1}^{i-1} \rho_j\Big)\Big(1 - \sum\limits_{j=1}^{i} \rho_j\Big)} \tag{7-41}$$

由于平均失效时间是由平均等待时间和平均维修时间构成，因此优先级 $d_i(1 \leqslant i \leqslant n)$ 的失效控制器的平均失效时间为 T_{f_i}：

$$T_{f_i} = M_i + E[R_i] \tag{7-42}$$

根据 Little 公式，可得优先级 $d_i(1 \leqslant i \leqslant n)$ 的失效控制器的平均个数为：

$$L_i = \lambda_i \cdot T_{f_i} \tag{7-43}$$

7.3.3 优化问题

类似于 7.2.3 节，设优先级为 d_i 的失效控制器的失效损失为 b_i，维修损失(可以认为是维修成本)为 c_i。一般认为维修成本与维修率成正比，因此，可令 $c_i = \tau_i \mu$。其中 τ_i 是正常数。因此，对于整个系统，其损失可表示为 $C_2(\mu) = \sum_{i=1}^{m}(b_i + \tau_i \mu) \cdot L_i$。该损失的优化问题可表示为：

Minimize $[C_2(\mu)]$

$$\text{Subject to}\quad \gamma_1 < \mu < \gamma_2 \tag{7-44}$$

$$\sum_{i=1}^{m} L_i < \gamma_3$$

7.4 仿真实验及结果分析

本节将通过仿真实验来证明优化结果的正确性。给出式(7-26)和式(7-44)的实验参数集和相应优化结果,之后对实验结果进行简要分析。

7.4.1 无优先级维修模型

在该模型中,与式(7-26)对应的两组参数如表 7-1 所示,两组参数下的实验结果如图 7-2 和图 7-3 所示。

表 7-1　无优先级维修模型的两组参数

	n	m	λ	c_1	c_2	k_1	k_2	k_3
参数集 1	100	4	0.7	0.7	0.3	5	20	10
参数集 2	100	5	1	0.7	0.3	5	20	10

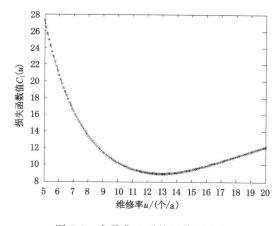

图 7-2　参数集 1 下的函数 $C_1(\mu)$

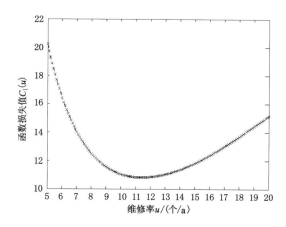

图 7-3　参数集 2 下的函数 $C_1(\mu)$

在图 7-2 和图 7-3 中，$C_1(u)$ 是下凸单峰函数，因此 μ^o 是式(7-26)的全局最优解。从参数 λ 在参数集 1 和参数集 2 中的不同取值可知维修率 μ 和损失代价 $C_1(u)$ 都与控制器的失效率 λ 成正比例变化。即如果 λ 增大，为了满足约束条件 $N < k_3$，μ 也随之增大。且在其他参数不变的情况下 $C_1(u)$ 也随之增加。

7.4.2 优先级维修模型

在该模型中，与式(7-44)对应的两组参数如表 7-2 所示，两组参数下的实验结果如图 7-4 和图 7-5 所示。

表 7-2 优先级维修模型中的两组参数

	λ_1	λ_2	λ_3	b_1	b_2	b_3	τ_1	τ_2	τ_3	γ_1	γ_2	γ_3
参数集 1	0.2	0.4	0.8	0.4	0.3	0.2	5	3	2	2	12	10
参数集 2	0.1	0.5	1.0	0.4	0.3	0.2	5	3	2	2	12	10

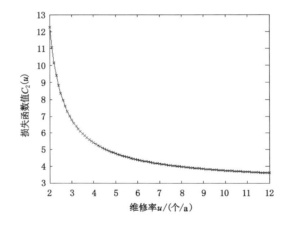

图 7-4 参数集 1 下的函数 $C_2(\mu)$

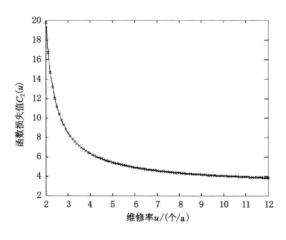

图 7-5 参数集 2 下的函数 $C_2(\mu)$

在优先级模型中,从图 7-4 和图 7-5 中可以看出,在参数集 1 下,最佳维修率为 $\mu^o =$ 12(个/a),系统的最小损失为 $C_2(\mu^o) = 3.61$(如图 7-4 所示);在参数集 2 下,最佳维修率为 $\mu^o = 12$(个/a),系统最小损失为 $C_2(\mu^o) = 3.82$(如图 7-5 所示)。另外从两组图的曲线变化可以看出,损失函数 $C_2(\mu)$ 是单调减函数。因此,最佳维修率在 μ 的最大边界处取得。在其他参数固定的情况下,控制器的失效率会使系统的损失函数值增加。这种规律与实际情况符合。

7.5　本章小结

本章针对网络控制系统提出了无优先级维修模型和优先级的维修模型。在无优先级维修模型下,利用排队论的生灭过程刻画了系统控制器失效与维修的动态过程,计算了控制器失效的平均时间,分析了控制器失效带来的损失成本及维修产生的维修成本,给出了基于成本的带约束条件的最优化目标函数。在优先级维修模型下,给出了每类控制器的优先级,计算了优先级最高的控制器的期望失效时间,分析了虚拟失效时间和实际失效时间的关系。计算出了每种优先级的失效控制器的实际失效时间。给出了带约束条件的最优化目标函数。

最后通过仿真实验验证了两种模型下理论结果的正确性。两种优化模型都适用于网络控制系统。因此本章两个优化维修模型对实际的控制及生产系统都有着重要的指导意义。

8 应 用 实 例

在 2 至 5 章中,分别介绍了建立基于排队论的实时以太网缓存队列长度随机需求模型和基于 Markov 理论的统计条件下实时以太网通信效率优化模型,提出了冗余控制系统优化维护方法以及 NCS 优化维修方法。通过理论分析和仿真实验已经证明和验证了这些模型和方法的正确性和有效性。为了将研究成果进行应用推广,本书模型和方法成功应用到了大连理工计算机控制工程有限公司的综合监控系统中,应用的结果显示的确提高了系统的实时通信性能。对冗余控制子系统及综合监控系统按照 4、5 章的优化结果进行维护维修,在保证系统稳定性的同时,降低了维护维修成本,提高了公司的运营效益。

8.1 综合监控系统

大连理工计算机控制工程有限公司综合监控系统(如图 8-1 所示)采用 EPA 实时以太网作为高速主干网络,采用支持 EPA 通信协议和 RS485 通信协议的网络化控制器 PEC3000 和 PEC8000 作为采集和控制模块。综合监控系统主要包括六个子系统:视频监控系统、电力监控系统、生产线检测系统、电梯监控系统、电动门控制系统和照明控制回路系统。各个子系统使用 PLC 作为控制器,所有 PLC 通过接入层交换机连接到 EPA 以太网上。PLC 使用大连理工计算机控制工程有限公司自主研发和生产的 PEC3000 和 PEC8000,该系列 PLC 支持 EPA、Modbus TCP 等以太网通信协议和 RS485 串行通信协议。具体参数和使用数量如表 8-1 所示。

表 8-1 PEC8000 和 PEC3000 主要参数

名称	端口数量	通信速率	支持协议	数量
PEC8000	2 路 RS485 端口 1 路以太网端口 8 路数字量输入输出端口 8 路模拟量输入输出端口	10 MHz、100 MHz	EPA/Modbus TCP/Modbus UDP/EtherCat Profibus-DP USS	26
PEC3000	2 路 RS485 端口 1 路以太网端口 20 路数字量输入端口 14 路数字量输出端口	10 MHz、100 MHz	EPA/Modbus TCP/Modbus UDP Profibus-DP USS	5

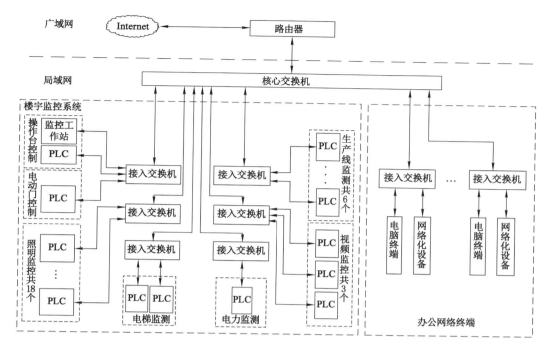

图 8-1　综合监控系统网络拓扑图

综合监控系统通信网络由路由器、核心层交换机、接入层交换机等网络设备构成。路由器、交换机的型号、具体参数及使用数量如表 8-2 所示。

表 8-2　路由器和交换机主要参数

名称	型号	简述	交换能力	64 字节转发速率	数量
路由器	DI-7100	11 英寸可上机架,1 个 WAN 口,4 个 LAN 口,支持 40-80 台上网	—	—	1
核心层交换机	DGS1210-48	44 口 10/100/1000 Base-TX,4 口千兆 SFP(复用)	96 Gbps	71.4 Mpps	1
接入层交换机	DIS-2024T	24 口 10/100/1000 Base-TX	48 Gbps	35.7 Mpps	10

通过对核心层交换机配置对内网和外网进行划分。楼内共有 10 个电气室,每个电气室内均布置有若干台接入交换机,将所有接入交换机连接到核心交换机上,即可实现楼内所有计算机、网络化设备以及楼宇监控系统设备的网络连接。网络拓扑图如图 8-1 所示。

8.1.1　视频监控系统

视频监控系统又称闭路监视系统,主要包括摄像、传输、控制、显示与记录四大部分,摄像部分包括摄像机、镜头、防护罩、支架和电动云台,其作用是对被摄体摄像并转换为电信号。传输部分包括线缆、调制与解调设备、线路驱动设备,其作用是把摄像机发出的电信号传送到监控中心。显示与记录部分包括监视器、画面处理器和录像机等,其作用是把从现场传来的电信号转换为图像并在监视设备上显示并录像。控制部分则负责所有设备的控制和图像信号的处理。总计 38 个摄像头(其中 7 个摄像头带有云台控制)除此之外包括 3 台DVR、3 台监控显示器视频监控系统分为云台监控、楼内监控、外门监控三部分,监控工作站、控制台、大屏显示系统等。具有视频采集,压缩存储,数据中心的实时显示以及回放功能,存储深度不低于 1 个月。电视墙支持 38 路画面实时显示、回放,可随意切换其中任何画面全屏显示。监控中心硬盘录像机(DVR)通过以太网将视频数据传送至工作站,由工作站中的 HMI 视频控件将视频实时画面显示在大屏显示系统上,同时 DVR 通过 VGA 接口连接位于保安室内的三台监控显示器。监控中心操作台的三维摇杆连接到操作台的 PLC,PLC 将控制信息通过以太网发送到云台控制模块,云台控制模块与云台摄像机通过 RS-485接口连接,对云台发送控制报文进行方位、仰角、焦距控制。视频监控系统实景图如图 8-2所示。

图 8-2　视频监控子系统

8.1.2　电力监测系统

电力监测主要是对电流、电压、电能的监测。电力监测系统利用测量技术、现场总线技术和组态软件技术,对中低压配电系统的数据进行实时测量、传输以及远程监控,实现了分散采集和集中管理。电力系统结构图如图 8-3 所示。电力监测系统分为三个部分:数据采集单元、数据传输单元、数据监控单元。

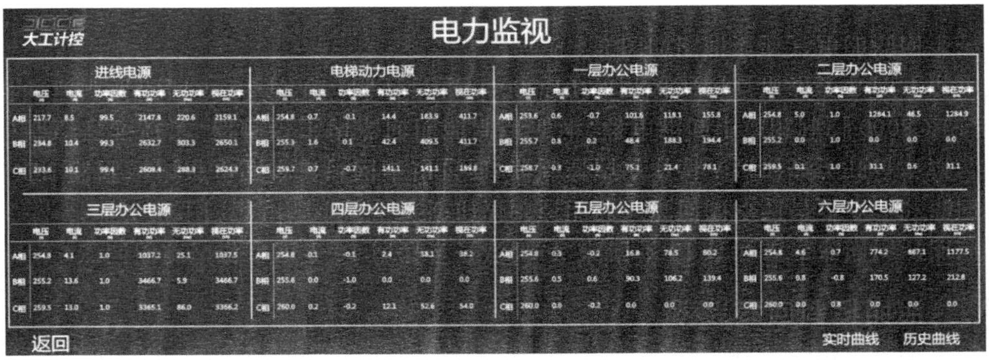

图 8-3　电力检测子系统

数据采集单元负责采集电流和电压,并计算得出功率。系统母线电压值通过 3 个变压器采集,电流值通过电流互感器采集。通过电力监控调理电路将电流电压以及相位差转换为标准的 0~5 V 电压信号,送入电力监控仪表计算得出功率值。该系统中使用 PLC 作为电力监控仪表。系统共有 63 个回路,分成 6 组,每一组均有 12 个电流互感器,监测所有回路三相电流值,每组共用一块电力监控调理板。数据传输单元使用 EPA 以太网作为传输介质,PLC 采用大连理工计算机控制工程有限公司自主研发的 PEC8000,具有以太网接口,支持 EPA 通信协议。PEC8000 通过工业以太网交换机与远程工作站和监控终端互联。数据监控单元将实时监控数据通过 HMI 人机界面显示在大屏显示系统上,监控终端也可以在本地实时监控各个回路运行状态,实现数据监控。以上各个控制单元完成了电力数据的采集、处理、传输、监控等完整的电力监控流程,实现了楼宇电力监控的智能化。

8.1.3 照明控制回路系统

照明控制回路系统共有 18 个回路,包括办公大楼内 16 个配电箱内照明回路,一个宿舍插座回路和一个报告厅空调回路。照明控制按钮安装于每个配电箱门上以及监控中心操作台上。操作台开关按钮接入操作台内控制器,通过以太网与每个配电箱内控制器 PEC8000 连接,PEC8000 控制相应中间继电器,继而控制照明回路内主接触器,实现远程控制;而每个配电箱上的开关按钮直接连接相应 PEC8000 进行控制。所有 18 个回路控制原理相同,其中一个回路的电气连接框图如图 8-4 所示。

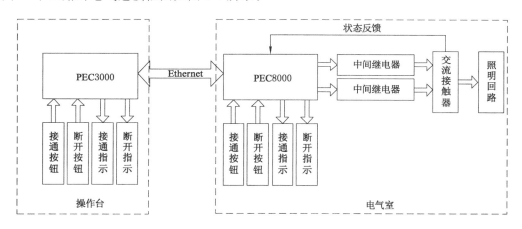

图 8-4　照明回路电气连接框图

每个配电箱里均有三个主回路,分别是照明回路、插座回路、空调回路。照明监控仅针对照明回路进行分断控制,与插座和空调回路无关。对照明回路的控制采用"弱电控制强电"的思想,通过中间继电器、交流接触器将 24 V 供电的 PEC8000 与 220 V 照明回路连接起来。共有两种控制方式,一种是操作台控制,一种是柜门按钮控制。操作台控制方式需要通过操作台上的通断按钮将信号发送给操作台内的控制器 PEC3000,通过以太网将控制信息发送给电气室内的 PEC8000。PEC8000 控制相应的中间继电器的通断,继而控制了照明回路内交流接触器的通断。同时交流接触器的辅助触点给出当前状态指示,以判断照明回路是否已经接通或断开。柜门按钮控制即省去了以太网的信息传递过程,直接通过电气室内的 PEC8000 控制相应中继器和交流接触器达到照明监控的目的。

8.1.4 生产线检测系统

本套生产线(如图 8-5 所示)是批量焊接贴片元件与直插元件的生产线。生产线监测由印刷机、贴片机(两台)、回流焊、波峰焊、空压机和抽风机组成。通过以太网通讯实时读取设备运行状态、设备运行参数、设备配置参数等,从而实现对生产线数据实时监视与数据存储。全套生产线设备为日东电子科技(深圳)有限公司生产,其中控制器均采用大连理工计算机控制工程有限公司生产的 PEC8000 系列 PLC。

需要对以上六台设备远程监控。由于印刷机、贴片机、回流焊机和波峰焊机中控制器均为 PEC8000 系列 PLC,另外,在空压机和抽风机供电回路增加了交流接触器,将开关信号反馈到 PLC 中,于是可以实现对以上设备的远程监控。组态软件通过以太网读各个生产线设备控制器内的变量,实现远程监测。

8.1.5 电梯监控系统

电梯控制系统中的控制模块带有 RS485 接口,可以通过外部设备对电梯实施监控。为了消除安全隐患,电梯监测系统仅做监测而不控制电梯的运行。

楼内共有两部电梯,一部为客梯,一部为货梯。电梯状态监测主要包括:所在楼层、目的楼层、行走方向、门状态、故障指示等。将电梯控制器 PEC8000 与电梯通信模块通过 RS485 相连,解析电梯各个指令报文,在 PEC8000 中开发相应监测软件,实现电梯状态监测。两部电梯均通过 RS485 接口,将 PEC8000 的串行通信口与电梯的 FB-SMI 模块相连,FB-SMI 模块即电梯通信模块。

软件部分包括电梯监测人机界面和电梯状态监测程序。电梯监测人机界面如图 8-6 所示。

8.1.6 电动门监控系统

大连理工计算机控制工程有限公司的大门口电动门采用伸缩门(如图 8-7 所示)。控制方式为开、关、停三个状态。通过操作台的三个按钮,实现以上三种控制。电动门控制器共有四根控制线,分别为停控制、开控制、关控制、公共端。当公共端与任一控制信号线连接时,电动门便可以执行相应动作。在操作台内安装 3 个继电器作为切换开关,分别受控于PEC3000 的 Q0.0、Q0.1、Q0.2,操作台上分别安装电动门开、关、停带灯按钮。通过 PLC的 DO 输出,控制相应继电器将公共端信号与停、开、关三根信号线连接构成一个回路,电动门执行动作,实现了电动门的远程控制。软件控制部分分为界面控制与操作台控制,其中界面控制在监控界面中增加"开门"、"关门"以及"停止"按钮。对于操作台控制部分,PLC 判断是否有 DI 输入,即按钮动作,捕获到该信号后,通过以太网将开关门操作信息写入执行PLC 中。PLC 程控制电动门执行相应动作。

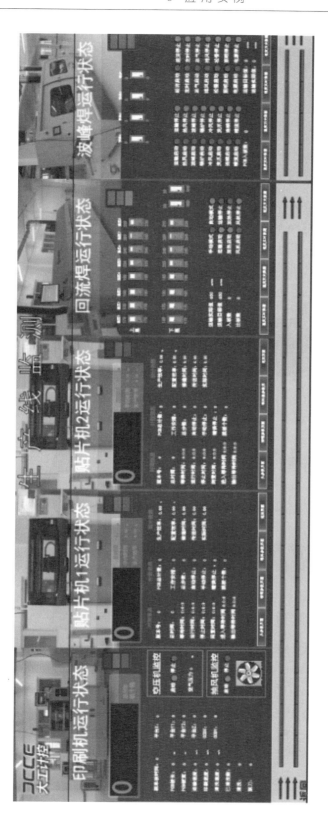

图8-5 生产线监控子系统

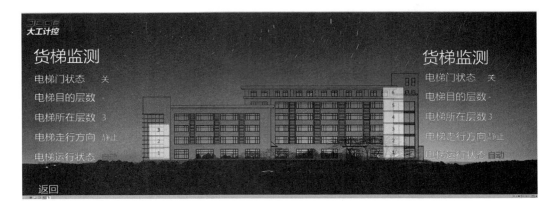

图 8-6　电梯监控子系统

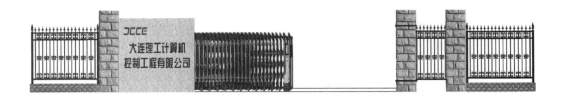

图 8-7　DCCE 公司电动伸缩门

8.2　测试结果及计算实例

将第 2 章的实时以太网缓存队列随机需求模型和第 3 章的实时以太网通信效率优化模型在大连理工计算机控制工程有限公司的综合监控系统 EPA 实时网络中进行测试。测试内容包括网络吞吐率、丢包率和端到端平均延时。对第 4 章的冗余控制系统优化维护方法和第 5 章的网络控制系统优化维修方法，以冗余控制子系统及综合监控系统为研究对象，给出计算实例。

8.2.1　实时以太网缓存队列长度随机需求模型测试结果

在所有的 PEC8000、PEC3000 控制器的下位机网络通信调度程序 net/core/dev.c 的缓存队列管理函数 dev_queue_xmit()中，将第 2 章优化结果［即式(2-13)］通过程序实现方式应用其中。损失代价权重 c_1, c_2 在程序中分别设置为 0.7 和 0.3。PEC8000 和 PEC3000 以太网端口通信速率设为 100 MHz。在网络低负载和高负载两种情况下（通过开启视频头个数进行控制），用型号为 J6801A-1AC 的网络分析器对综合监控网络数据链路层通信性能进行了测试，测试结果如表 8-3 和 8-4 所示。

表 8-3　最优队列长度下的网络性能实测数据(网络低负载)

数据帧长度/B	吞吐率		丢包率		端到端延时/ms	
	优化前	优化后	优化前	优化后	优化前	优化后
64	0.812	0.825	0.000 9	0.000 6	24.9	19.8
128	0.837	0.869	0.002 4	0.001 7	53.4	34.2
256	0.860	0.892	0.004 3	0.002 5	138.8	85.7
512	0.904	0.923	0.007 5	0.004 7	242.6	168.2
1 024	0.925	0.957	0.010 6	0.007 8	467.4	383.4
1 500	0.948	0.963	0.012 5	0.009 1	790.9	501.6

表 8-4　最优队列长度下的网络性能实测数据(网络高负载)

数据帧长度/B	吞吐率		丢包率		端到端延时/ms	
	优化前	优化后	优化前	优化后	优化前	优化后
64	0.634	0.639	0.000 4	0.000 4	14.5	13.8
128	0.637	0.669	0.000 9	0.000 8	33.6	19.8
256	0.660	0.692	0.002 3	0.001 4	55.8	35.9
512	0.704	0.723	0.005 8	0.002 3	73.6	58.1
1 024	0.725	0.757	0.007 8	0.004 8	100.4	72.4
1 500	0.768	0.793	0.008 5	0.005 1	134.3	100.6

通过以上两组测试结果可以得出以下结论:在网络低负载情况下,应用优化结果与不应用优化结果相比,在网络吞吐率方面平均提高了 3.5%,在丢包率方面平均降低了 31.5%,在端到端延时方面平均降低了 25.9%。在网络高负载情况下,吞吐率平均提高了 2.7%,丢包率平均降低了 32.5%,端到端延时平均降低了 29.9%。可见无论在网络低负载还是高负载下,应用优化结果的网络通信性能在吞吐率、丢包率和端到端延时方面都有所提高,其中在丢包率和端到端延时两个指标上改善的效果显著。

8.2.2　实时以太网通信效率优化模型测试结果

在表 8-1 的参数下,用一维线搜索 0.618 法对式(3-43)求最优解。搜索步长设为 100(frams/s),误差精度设为 100(frame/s)。经计算得:$\lambda_{optimum}=3\,900$(frame/s)。对该结果进行测试。用大连理工计算机控制工程有限公司自主研发的 PLC_Config 软件,编写 PEC8000 设备的收发程序,发送端的发送速率分别设为 3 500(frame/s),3 900(frame/s)和 4 300(frame/s)。对这三种发送速率,在网络低负载和高负载两种情况下,用型号为 J6801A-1AC 的网络分析器对综合监控系统的数据链路层进行测试。测试结果如下:

表 8-5 优化发送速率后的网络性能实测数据(网络低负载)

发送速率/(frame/s)	数据帧长/B	吞吐率	丢包率	端到端延时/ms
3 500	64	0.627	0.000 5	15.6
	128	0.631	0.000 5	24.8
	256	0.654	0.000 8	39.6
	512	0.682	0.001 3	63.7
	1 024	0.705	0.001 8	78.1
	1 500	0.732	0.002 6	113.2
3 900	64	0.634	0.000 7	17.3
	128	0.641	0.000 9	27.3
	256	0.667	0.001 3	42.5
	512	0.702	0.001 9	71.8
	1024	0.717	0.002 3	90.9
	1500	0.741	0.002 8	127.2
4 300	64	0.654	0.001 2	25.6
	128	0.665	0.001 9	36.9
	256	0.685	0.002 6	49
	512	0.721	0.003 5	83.6
	1 024	0.748	0.004 7	112.6
	1 500	0.766	0.005 2	143.8

表 8-6 优化发送速率后的网络性能实测数据(网络高负载)

发送速率/(frame/s)	数据帧长/B	吞吐率	丢包率	端到端延时/ms
3 500	64	0.803	0.000 9	32.7
	128	0.814	0.001 5	64.8
	256	0.835	0.002 6	124.4
	512	0.856	0.004 3	290.7
	1 024	0.883	0.006 7	492.1
	1 500	0.907	0.008 9	821.2
3 900	64	0.809	0.001 1	40.8
	128	0.820	0.001 9	76.3
	256	0.837	0.003 2	143.9
	512	0.865	0.005 6	325.2
	1 024	0.899	0.008 7	548.9
	1 500	0.912	0.010 2	899.7

表 8-6(续)

发送速率/(frame/s)	数据帧长/B	吞吐率	丢包率	端到端延时/ms
4 300	64	0.822	0.001 8	50.6
	128	0.855	0.002 9	103.9
	256	0.874	0.005 6	241.0
	512	0.892	0.009 5	458.6
	1 024	0.926	0.014 7	783.4
	1 500	0.943	0.018 3	1 243.8

从表 8-4 和 8-5 可知,当网络处于低负载时,在网络吞吐率方面,3 900(帧/秒)发送速率比 3 400(帧/秒)平均高 1.8%,比 4 300(帧/秒)平均低 3.3%。在网络丢包率方面,3 900(帧/秒)发送速率比 3 400(帧/秒)平均高 28.6%,比 4 300(帧/秒)平均低 47.8%。在端到端延时方面,3 900(帧/秒)发送速率比 3 400(帧/秒)平均高 10.4%,比 4 300(帧/秒)平均低 19.4%。通过以上结果可知,利用实时以太网通信效率优化方法得到的优化结果在网络低负载时,对网络吞吐率改善不大,但对网络丢包率和端到端延时两个性能指标改善较为显著。

当网络处于高负载时,在网络吞吐率方面,3 900(帧/秒)发送速率比 3 400(帧/秒)平均高 0.8%,比 4 300(帧/秒)平均低 3.1%。在网络丢包率方面,3 900(帧/秒)发送速率比 3 400(帧/秒)平均高 19.5%,比 4 300(帧/秒)平均低 40.4%。在端到端延时方面,39 00(帧/秒)发送速率比 3 400(帧/秒)平均高 13.0%,比 4 300(帧/秒)平均低 28.8%。通过以上结果可知,利用优化方法得到的结果在网络高负载时,对网络吞吐率、丢包率和端到端延时等性能指标的改善都较为显著。

本节实测数据与第 3 章 3.5 节仿真实验数据存在一定偏差。原因在于 3.5 节通过仿真程序实现的是理想网络通信环境。而本节所使用的综合监控系统下的网络通信环境比理想的网络通信环境多了核心交换机和介入交换机,从而增加了数据帧在交换机内的交换延时和排队延时,另外综合监控系统下的网络中包含了大量的视频数据也增加了网络丢包和传输延时的概率。因此实测数据与仿真数据存在一定偏差的现象并不自相矛盾。

8.2.3　冗余控制系统优化维护方法计算实例

本节以综合监控系统中的冗余控制系统为例(如图 8-8 所示),给出第 4 章优化维护的计算结果。图 8-8 中左侧两个 PEC8A00 构成冗余控制系统,第三个 PEC3A00 控制器作为该冗余控制系统的扩展 I/O。

PEC8A00 和 PEC3A00 等控制器所采用的电子元器件及生产工艺都是遵循 IEC61709 标准,因此以上两款型号的控制器平均工作时间(Mean time to failure,MTTF)可达 10^5 h。

按照第 4 章 4.6.1 节的假设,在 PEC8A00 控制器的寿命符合 Weibull 分布的情况下,其耗损失效期平均工作时间约为 1 a,即

图 8-8　冗余控制系统

$$\frac{1}{\lambda} \cdot \Gamma\left(1 + \frac{1}{\alpha}\right) = 1$$

对上述二元不定方程选取一组可行近似解,此处选取：$\frac{1}{\lambda} = 1.13, \alpha = 2$。

控制器失效后,维修人员立刻对其维修。设维修人员的平均维修率为 $\mu = 2$ 个/a,平均维护率为 $\beta = 6$ 个/a。将以上四个参数按照第 4 章的优化结论进行计算得：最优维护周期为 $T^o = 0.5$ a,即每隔半年对设备进行一次维护,可使得冗余控制系统的寿命最长。

8.2.4　网络控制系统优化维修方法计算实例

本节中给出 EPA 综合监控系统无优先级维修模型和优先级维修模型两个计算实例。综合监控系统中 PEC8000 控制器 26 个,PEC3000 控制器 5 个,核心层交换机 1 个,接入层交换机 10 个,路由器 1 个,视频监控终端 39 个。以上设备中只对自主研发的 PEC8000 和 PEC3000 两款控制器进行维修。

在无优先级维修模型中,不考虑维修设备的优先级,即每个设备的优先级相同。因此为了符合以上条件,该模型中只以 PEC8000 控制器作为维修对象。所有控制器由硬件研究部两名技术人员负责维修。按照第 7 章 7.2 节对该模型的描述,可得维修设备的数量为 $n = 26$。维修人员数量为 $m = 2$。设 PEC8000 在平均失效率为 0.7(个/a)。损失参数分别设为 $c_1 = 0.7, c_2 = 0.3$。约束条件分别设为 $k_1 = 5, k_2 = 20, k_3 = 2$。将以上参数代入第 7 章 7.2 节,经计算得：最佳维修率为 $\mu = 6.7$ 个/a。即一个维修人员一年平均维修 6.7 个失效控制器时,系统的损失代价最小。

在优先级维修模型中,每类设备都有各自的优先级。按照设备的重要程度,认为 PEC8000 的优先级高于 PEC3000。设 PEC8000 和 PEC3000 的失效率分别为 $\lambda_1 = 0.7$ 个/a,$\lambda_2 = 1$ 个/a。失效损失分别为 $b_1 = 0.6, b_2 = 0.4$,维修损失系数为 $\tau_1 = 0.6, \tau_2 = 0.4$,约束条件为 $\gamma_1 = 5, \gamma_2 = 20, \gamma_3 = 3$。将以上参数代入第 7 章的 7.3 节,经计算得：最佳维修率为 $\mu = 20$ 个/a。即维修人员一年平均维修 20 个失效控制器时,系统的损失代价最小。

8.3　本章小结

　　本章介绍了大连理工计算机控制工程有限公司综合监控系统及各个子系统的结构和功能。并以此为应用测试平台,将第 2 章和第 3 章的通信效率优化模型应用其中并进行测试。测试结果表明应用优化方法后的 EPA 实时以太网在传输性能上得到了切实改善。对第 4 章和第 7 章的优化维护维修方法,以综合监控系统中的冗余控制子系统和基于 EPA 的 NCS 为研究对象,给出了优化维护及维修方法的计算实例。计算结果与理论结果相吻合,对实际的系统维护维修具有一定的指导价值。

9 结论与展望

本书在查阅国内外大量实时以太网通信及系统优化维护维修策略相关文献以及前期工作的基础上,对实时以太网通信效率及系统维护维修效益进行了深入的研究和讨论,开展了大量的理论和实践分析,提出了新的解决方案。研究了缓存队列长度对实时以太网通信效率的影响,给出了最优缓存列长度需求的依据;讨论了实时以太网发送端与接收端的数据传输速率在统计条件下能否达到平衡状态对实时以太网通信效率的影响,确定了统计平衡状态下发送端的最优发送速率,提高了实时以太网的通信性能。针对控制系统的另一个关键技术——维护技术,研究了冗余控制系统的维护效益,优化了系统的预防维护周期,延长了系统期望工作寿命,提高了系统的稳定性。建立了大规模控制系统无优先级维修模型和优先级维修模型,针对控制器的失效损失及维修成本对控制系统稳定性和维修成本的影响,优化了维修率,提高了系统的稳定性,降低了系统的维修成本。

本书主要创新工作具体包括以下几个方面:

(1)针对数据帧在不同传输模式下对缓存队列长度有不同需求的问题,建立了实时以太网缓存队列长度随机需求模型。该模型分析了数据帧在实时以太网缓存队列中的传输过程和影响网络延时的主要因素。用排队理论对数据帧排队延时及丢包建立了基于通信损失代价的数学模型,优化了该模型下的目标函数,得到了最优的缓存队列长度。最后的仿真实验,验证了模型的建立准确性和优化结果的有效性。

(2)针对实时以太网发送端与接收端的数据传输速率在统计条件下能否达到平衡状态对实时以太网通信效率产生直接影响的问题,建立了统计条件下实时以太网通信效率优化模型。该模型分析了实时以太网传输状态,通过计算得到了状态之间的转移概率并以此构成了状态转移概率矩阵,通过解平稳状态方程确定了以太网处于每种状态的概率,之后计算并得到了数据帧发生碰撞后每次重传成功概率,给出了以数据帧发送成功率最大的目标函数,优化了数据帧的发送速率。最后的实验结果表明了,该模型有效地增加了数据帧发送成功概率,提高了以太网通信性能。

(3)考虑冗余控制系统的维护效益优化问题,提出了一种基于半 Markov 理论的优化维护方法。该方法为了刻画系统的动态运行过程,用半 Markov 链及再生点技术分析了系统状态之间的转移概率即半 Makov 核。利用拉普拉斯变化得到了系统状态分布函数的象函数,并以此得到了系统期望工作寿命的数学表达式。在此基础上研究并分析了维护周期对系统期望工作寿命的影响,得出了在不同条件下维护周期与系统最长期望工作寿命之间的关系,并用定理的形式给出了系统的最优维护方法。最后仿真实验表明了,所提优化维护方法行之有效,且优于目前已有的研究成果。该方法已经应用到对钢厂项目中的冗余控制器的维修。对实际的系统维修具有一定指导意义。

(4)考虑网络控制系统的优化维修问题,提出了无优先级维修模型和优先级维修模型。

在无优先级维修模型中,描述了整个系统的维修过程,分析了任意两个系统状态之间的转移概率。通过计算判定了该系统状态转移本质上是一种特殊的 Markov 过程——生灭过程。在此基础上,给出了基于系统损失的以系统稳定性为约束条件的优化目标函数。在优先级维修模型中,分析了控制器的期望失效时间,以及失效控制器的虚拟失效时间和真实失效时间的关系。通过递推方式得到了每类控制器的平均等待时间,在此基础上,给出了基于系统损失的优化目标函数。最后对两种维修模型给出了两组数值实例,验证了两种维修模型的正确性和有效性。

经过实际测试,本书提出的实时以太网通信效率优化方法有效地提高了实时以太网的通信效率,保证了 NCS 的控制性能。系统的优化维护维修方法和模型保证了系统的稳定性,延长了冗余控制系统及 NCS 的工作寿命,减少了控制系统的损失代价。但是由于时间和水平有限,NCS 在实时通信及优化维护维修方面还有很多后期工作需要完善,主要问题和工作展望如下:

(1) 随机优化理论在提高实时以太网传输效率方面取得了一些良好效果,主要原因在于随机优化理论能够用统计分析、随机过程以及概率论等数学工具来捕获和刻画实时以太网由于碰撞所产生的不确定性因素并对其进行优化。但该理论不能从本质上解决由于碰撞带来的数据帧冲突问题,因此改善效果有限。如果能借鉴交换网络中的确定性调度算法,与随机优化方法结合势必能更进一步地提高网络传输性能。但是二者如何有机结合将是难点问题。

(2) 优化维护方法在双控制器冗余控制系统的维护中,取得了良好的效果。但是该方法为了简化问题研究的复杂度,在假设时认为主控制器和冗余控制器都是冷储备的,即控制器在不工作时,寿命是不损耗的。但实际上,冗余控制器在冗余期间由于弱电原因,其寿命会逐渐损耗,尽管损耗很小。因此如果将冗余控制器寿命损耗考虑进去,系统模型将与实际情况更加接近,其优化结果会更加精确。另外,本书研究方法能否推广到三冗余控制器构成的控制系统甚至是 $(n,2)$ 模型,是未来值得探讨和深入研究的问题。

(3) 在 NCS 维修模型中,对系统建模时假设每个控制器的失效时间分布都符合指数分布,该分布是一种理想的分布模型,如果考虑失效时间为一般分布则更具有一般性,因此如何对失效时间为一般分布控制器建模,也是以后重点考虑的问题。

附　　录

附录 I

对温储备模型下系统所有半 Markov 核函数进行分析：

（1）当系统处于 S_0 时

如果其中一个温储备设备先于运行设备失效，则系统转移至 S_1。此时有：

$$Q_{01}(t) = P\{X_1 > \min(Y_2,Y_3), \min(Y_2,Y_3) \leqslant t\}$$

$$= \int_0^t e^{-\lambda u}\,dP\{\min(Y_2,Y_3) \leqslant u\} = \int_0^t 2\lambda_1 e^{-(\lambda+2\lambda_1)u}\,du$$

反之，如果运行设备先于温储备设备失效，则系统转移至 S_2。此时有：

$$Q_{02}(t) = P\{\min(Y_2,Y_3) > X_1, X_1 \leqslant t\}$$

$$= \int_0^t P\{\min(Y_2,Y_3) > X_1\}\,d(1-e^{-\lambda u}) = \int_0^t \lambda e^{-(\lambda+2\lambda_1)u}\,du$$

（2）当系统处于 S_1 时

① 如果失效设备在运行设备和温储备设备失效前修好，则系统转移至 S_0。此时有：

$$Q_{10}(t) = P\{X_1 > Z_2, Y_3 > Z_2, Z_2 \leqslant t\} = \int_0^t e^{-(\lambda+\lambda_1)u}\,dG_1(u)$$

② 如果温储备设备在失效设备修好前失效且在该失效时刻运行设备依然运行，则系统转移至 S_3，然而由于 S_3 是非再生状态，因此当系统进入 S_3 后会再次转移至哪些状态需要分别考虑。③ 如果维修设备在运行设备失效前修好，则系统由 S_3 再次转移至 S_1，此时有：

$$Q_{11}^{(3)}(t) = P\{X_1 > Z_2, Y_3 < Z_2, Z_2 \leqslant t\} = \int_0^t e^{-\lambda u}(1-e^{-\lambda_1 u})\,dG_1(u)$$

④ 如果运行设备在失效设备修好前失效，则系统将由 S_3 再次转移至 S_5，此时有：

$$Q_{15}^{(3)}(t) = P\{Y_3 < X_1, X_1 < Z_2, X_1 \leqslant t\}$$

$$= \int_0^t (1-e^{-\lambda_1 u})\bar{G}_1(u)\,d(1-e^{-\lambda u}) = \int_0^t (\lambda_1 e^{-(\lambda+\lambda_1)u} * \lambda e^{-\lambda u})\bar{G}_1(u)\,du$$

⑤ 当系统转移至 S_5 后，正在维修的设备修好后，系统将转移至 S_7。此时有：

$$Q_{17}^{(3,5)}(t) = P\{Y_3 < X_1, X_1 < Z_2, Z_2 \leqslant t\}$$

$$= \int_0^t \left[\int_0^u (1-e^{-\lambda_1 \sigma})\,d(1-e^{-\lambda \sigma}) \right] dG_1(u)$$

$$= \int_0^t (\lambda_1 e^{-(\lambda+\lambda_1)u} * \lambda e^{-\lambda u} * 1)\,dG_1(u)$$

当系统处于 S_1 时，如果运行设备在维修设备修好前失效且在失效时刻温储备设备没有失效，则系统转移至 S_4。由于 S_4 是非再生状态，因此系统由 S_4 转移至哪些状态需要分别考虑。

① 如果失效设备在运行设备失效前被修好,则系统将由 S_4 转移至 S_2。此时有:

$$Q_{12}^{(4)}(t) = P\{X_1 < Y_3, X_1 + X_3 > Z_2, Z_2 \leqslant t\}$$

$$= \int_0^t \int_0^u e^{-\lambda_1 \sigma} e^{-\lambda(u-\sigma)} \mathrm{d}(1 - e^{-\lambda \sigma}) \mathrm{d}G_1(u) = \int_0^t (\lambda e^{-(\lambda+\lambda_1)u} * e^{-\lambda u}) \mathrm{d}G_1(u)$$

② 反之,如果运行设备在失效设备修好前失效,则系统将由 S_4 转移至 S_6。此时有:

$$Q_{16}^{(4)}(t) = P\{X_1 < Y_3, X_1 + X_3 < Z_2, X_1 + X_3 \leqslant t\}$$

$$= \int_0^t \int_0^{t-u} \overline{G}(\sigma+u) e^{-\lambda_1 \sigma} \mathrm{d}(1 - e^{-\lambda \sigma}) \mathrm{d}(1 - e^{-\lambda u}) = \int_0^t (\lambda e^{-(\lambda+\lambda_1)u} * \lambda e^{-\lambda u}) \overline{G}_1(u) \mathrm{d}u$$

③ 当系统转移至 S_6 后,正在维修的设备修好后,系统将转移至 S_7。此时有:

$$Q_{17}^{(4,6)}(t) = P\{X_1 < Y_3, X_1 + X_3 < Z_2, Z_2 \leqslant t\}$$

$$= \int_0^t \int_0^u (1 - e^{-\lambda(u-\sigma)}) e^{-\lambda_1 \sigma} \mathrm{d}(1 - e^{-\lambda \sigma}) \mathrm{d}G_1(u) = \int_0^t (\lambda e^{-(\lambda+\lambda_1)u} * \lambda e^{-\lambda u} * 1) \mathrm{d}G_1(u)$$

(3) 当系统处于 S_2 时

① 如果维修设备在运行设备和温储备设备失效前修好,则系统转移至 S_0。此时有:

$$Q_{20}(t) = P\{Z_1 < Y_3, Z_1 < X_2, Z_1 \leqslant t\} = \int_0^t e^{-(\lambda+\lambda_1)u} \mathrm{d}G(u)$$

② 如果温储备设备在维修设备修好前失效,且在失效时刻运行设备正常运行,则系统转移至 S_{10},由于 S_{10} 是非再生状态,因此系统由 S_{10} 转移至哪些状态需要分别考虑。

③ 如果维修设备在运行设备失效前修好,则系统由 S_{10} 转移至 S_1。此时有:

$$Q_{21}^{(10)}(t) = P\{Y_3 < Z_1, X_2 > Z_1, Z_1 \leqslant t\}$$

$$= \int_0^t (1 - e^{-\lambda_1 u}) e^{-\lambda u} \mathrm{d}G(u) = \int_0^t (\lambda_1 e^{-(\lambda+\lambda_1)u} * e^{-\lambda u}) \mathrm{d}G(u)$$

④ 反之,如果运行设备在维修设备修好前失效,则系统由 S_{10} 转移至 S_{11}。此时有:

$$Q_{2,11}^{(10)}(t) = P\{Y_3 < X_1, X_2 < Z_1, X_2 \leqslant t\}$$

$$= \int_0^t (1 - e^{-\lambda_1 u}) \overline{G}(u) e^{-\lambda u} \mathrm{d}(1 - e^{-\lambda u}) = \int_0^t (\lambda_1 e^{-(\lambda+\lambda_1)u} * \lambda e^{-\lambda u}) \overline{G}(u) \mathrm{d}u$$

⑤ 当系统转移至 S_{11} 后,维修设备修好后,系统转移至 S_{12}。此时有:

$$Q_{2,12}^{(10,11)}(t) = P\{Y_3 < X_1, X_2 < Z_1, Z_1 \leqslant t\}$$

$$= \int_0^t \int_0^u (1 - e^{-\lambda_1 \sigma}) \mathrm{d}(1 - e^{-\lambda \sigma}) \mathrm{d}G(u) = \int_0^t (\lambda_1 e^{-(\lambda+\lambda_1)u} * \lambda e^{-\lambda u} * 1) \mathrm{d}G(u)$$

当系统处于 S_2 时,如果运行设备在维修设备修好前失效且在失效时刻温储备设备没有失效,则系统转移至 S_9。由于 S_9 是非再生状态,因此由 S_9 转移至哪些状态需要分别考虑。

① 如果维修设备在运行设备失效前修好,则系统由 S_9 转移至 S_2。此时有:

$$Q_{22}^{(9)}(t) = P\{X_2 < Y_3, X_2 < Z_1, X_1 + X_2 > Z_1, Z_1 \leqslant t\}$$

$$= \int_0^t \int_0^u e^{-\lambda_1 \sigma} e^{-\lambda(u-\sigma)} \mathrm{d}(1 - e^{-\lambda \sigma}) \mathrm{d}G(u) = \int_0^t (\lambda e^{-(\lambda+\lambda_1)u} * e^{-\lambda u}) \mathrm{d}G(u)$$

② 如果运行设备在维修设备修好前失效,则系统由 S_9 转移至 S_8。系统处于 S_8 后,维修设备修好后,系统由 S_8 转移至 S_7。此时有:

$$Q_{2,7}^{(9,8)}(t) = P\{X_2 < Y_3, X_2 < Z_1, X_1 + X_2 < Z_1, Z_1 \leqslant t\}$$

$$= \int_0^t \int_0^u e^{-\lambda_1 \sigma} (1 - e^{-\lambda(u-\sigma)}) d(1 - e^{-\lambda \sigma}) dG(u) = \int_0^t (\lambda e^{-(\lambda + \lambda_1)u} * \lambda e^{-\lambda u} * 1) dG(u)$$

（4）当系统处于 S_7 时

① 如果正在维修的设备在运行设备失效前修好，则系统转移至 S_2。此时有：

$$Q_{72}(t) = P\{Z_1 < X_2, Z_1 \leqslant t\} = \int_0^t e^{-\lambda u} dG(u)$$

② 反之如果运行设备在维修设备修好前失效，则系统转移至 S_8。系统处于 S_8 后，维修设备修好后，系统由 S_8 转移至 S_7。此时有：

$$Q_{77}^{(8)}(t) = P\{X_2 < Z_1, Z_1 \leqslant t\} = \int_0^t (1 - e^{-\lambda u}) dG(u) = \int_0^t (\lambda e^{-\lambda u} * 1) dG(u)$$

（5）当系统处于 S_{12} 时，1 如果维修设备在运行设备失效前修好，则系统转移至 S_2，此时有：

$$Q_{12,2}(t) = P\{Z_3 < X_1, Z_3 \leqslant t\} = \int_0^t e^{-\lambda u} dG_1(u)$$

② 反之，如果运行设备在维修设备修好前失效，则系统转移至 S_6。系统处于 S_6 后，当维修设备修好后，系统由 S_6 转移至 S_7。此时有：

$$Q_{12,7}^{(6)}(t) = P\{X_1 < Z_3, Z_3 \leqslant t\} = \int_0^t (1 - e^{-\lambda u}) dG_1(u) = \int_0^t (\lambda e^{-\lambda u} * 1) dG_1(u)$$

附录 II

对温储备模型在所有再生状态的平均逗留时间进行分析：

（1）从系统进入 S_0 开始（$t=0$），经过时间 t 后如果运行设备和温备份设备均未失效，则有：

$$\mu_0 = \int_0^\infty t dF_0(t) = \int_0^\infty P_0(t) dt = \int_0^\infty e^{-(\lambda + 2\lambda_1)t} dt = \frac{1}{\lambda + 2\lambda_1}$$

（2）从系统进入 S_1 开始（$t=0$），经过时间 t 后如果运行设备和温备份设备没有失效，且正在维修的设备没有修好，则有：

$$\mu_1 = \int_0^\infty P_1(t) dt = \int_0^\infty P\{X_1 > t, Z_2 > t, Y_3 > t\} dt = \int_0^\infty e^{-(\lambda + \lambda_1)t} \overline{G}_1(t) dt = \frac{1 - g_1^*(\lambda + \lambda_1)}{\lambda + \lambda_1}$$

（3）从系统进入 S_2 开始（$t=0$），经过时间 t 后如果运行设备和温备份设备没有失效，且正在维修的设备没有修好，则有：

$$\mu_2 = \int_0^\infty P_2(t) dt = \int_0^\infty P\{Z_1 > t, X_2 > t, Y_3 > t\} dt = \int_0^\infty e^{-(\lambda + \lambda_1)t} \overline{G}(t) dt = \frac{1 - g^*(\lambda + \lambda_1)}{\lambda + \lambda_1}$$

（4）从系统进入 S_7 开始（$t=0$），经过时间 t 后如果运行设备没有失效且正在维修的设备没有修好，则有：

$$\mu_7 = \int_0^\infty P_7(t) dt = \int_0^\infty P\{Z_1 > t, X_2 > t\} dt = \int_0^\infty \overline{G}(t) e^{-\lambda t} dt = \frac{1 - g^*(\lambda)}{\lambda}$$

（5）从系统进入 S_{12} 开始（$t=0$），经过时间 t 后如果运行设备没有失效且正在维修的设备没有修好，则有：

$$\mu_{12} = \int_0^\infty P_{12}(t) dt = \int_0^\infty P\{X_1 > t, Z_3 > t\} dt = \int_0^\infty \overline{G}_1(t) e^{-\lambda_1 t} dt = \frac{1 - g_1^*(\lambda)}{\lambda}$$

参 考 文 献

［1］SEOK-KYU K,KANG G. S. Statistical Real-Time Communication over Ethernet［J］. IEEE Transaction on Parallel and Distributed Systems,2003,14(3):322-335.

［2］WU AI GUO,LIANG JIN,WEN JIN. The developing status of industrial Ethernet ［J］,Information and Control,2003,32(5):458-461.

［3］缪学勤. 实时以太网技术现状与发展［J］. 自动化博览,2005,22(2):21-26.

［4］GANG M X,YAN B J,HU B. Research and implementation of industrial real-time Ethernet scheduling method based on time slot reuse［C］//2024 5th International Seminar on Artificial Intelligence,Networking and Information Technology（AINIT）. Nanjing,China. IEEE,2024:428-433.

［5］SESTITO G S,TURCATO A C,DIAS A L,et al. A method for anomalies detection in real-time Ethernet data traffic applied to PROFINET［J］. IEEE Transactions on Industrial Informatics,2018,14(5):2171-2180.

［6］PEKEZ N,POPOVIĆ A,KOVAČEVIĆ J. Ethernet TCP/IP-based audio interface for DSP system verification［J］. IEEE Consumer Electronics Magazine,2021,10(1):45-50.

［7］HYUN-CHUL Y I,CHOI J Y. Cycle time improvement of EtherCAT networks with embedded linux-based master［J］. IEICE Transactions on Information and Systems, 2019,E102. D(1):195-197.

［8］VALENTE G,MUTTILLO V,MUTTILLO M,et al. SPOF—slave powerlink on FPGA for smart sensors and actuators interfacing for industry 4. 0 applications［J］. Energies,2019,12(9):1633.

［9］SHI X J,SU Q G,WANG W X,et al. TCNet:triple collocation-based network for ocean surface wind speed retrieval on CYGNSS［J］. IEEE Transactions on Geoscience and Remote Sensing,1835,62:4104814.

［10］LU L,FENG D Q,CHU J. Improving the real-time performance of Ethernet for plant automation（EPA）based industrial networks［J］. Journal of Zhejiang University SCIENCE C,2013,14(6):433-448.

［11］APONTE P. Stop the scrap,track the problems［maintenance engineering］［J］. Control Engineering,2007,53(6):18-20.

［12］曹晋华,程侃. 可靠性数学引论［M］. 2 版. 北京:高等教育出版社,2006.

［13］RUSSO F,CAPETTA L,GIAUDI M,et al. The fieldbus IEC:a concise overview ［C］//Proceedings of 27th International Conference on Automation,Milan,Italy,1996, 1:182-207.

［14］ BLEVINS,T. WOJSZNIS W. Fieldbus support for process analysis[C]// Proceedings of the Industrial Computing Conference,Austin,USA,1995,5:121-128.

［15］ ST-ONGE D A. Fieldbus technology：user's perspective[C]// Process control Electrical and Information Conference,Ottawa,Canada,1996:113-118.

［16］ 工业和信息化部办公厅.5G 全连接工厂建设指南.[2022-8-25]. https://baike. baidu. com/item/5G%20%E5%85%A8%E8%BF%9E%E6%8E%A5%E5%B7%A5%E5%8E%82%E5%BB%BA%E8%AE%BE%E6%8C%87%E5%8D%97/61977670?fr=ge_ala

［17］ PROFIBUS DP,FMS. A simple and effecitve fieldbus for factory automation[C]// 46th International Instrumentation Symposium,WA,USA,2000,397:133-141.

［18］ ZHI W,ZHOU Y,JIMING C,et al. Rearltime characteristic of FF like centralized control fieldbus[C]//Proceedings of the 2002 IEEE International Symposium on Industrial Electronics,2002,1:140-145.

［19］ LO BELLO L,GANGEMI A. A slot swapping protocol for time-critical internetworking [J]. Journal of Systems Architecture,2005,51(9):526-541.

［20］ KUNES M,SAUTER T. Fieldbus-internet connectivity：the SNMP approach[J]. IEEE Transactions on Industrial Electronics,2001,48(6):1248-1256.

［21］ ZHANG X L. Study on communication scheduling of fieldbus[C]//2009 Chinese Control and Decision Conference. Guilin,China. IEEE,2009:565-570.

［22］ SHOSHANI G,MITSCHKE S,STEPHAN S. Industrial Fieldbus technology and Fieldbus cable overview—cable standards and electrical qualifications [C]//2010 Record of Conference Papers Industry Applications Society 57th Annual Petroleum and Chemical Industry Conference (PCIC). September 20-22,2010. San Antonio,TX. IEEE,2010.

［23］ BLEVINS T,WOJSZNIS W. Fieldbus support for process analysis[J]. ISA Transactions,1996,35(2):177-183.

［24］ DESJARDINS M. WorldFIP[J]. Measurement and Control,1994,27(2):42-46.

［25］ LEACH A. Profibus：the German fieldbus standard[J]. Assembly Automation,1994, 14(1):8-12.

［26］ JENKINS C G. P-NET as a European fieldbus standard EN50170 vol. 1[J]. Measurement and Control,1997,30(3):75-78.

［27］ High Efficiency Communication Subsystem for Small Data Packages：CENELEC：EN 50254:1998[S].

［28］ Low-Voltage Switchgear and Controlgear-Controller-Device Interfaces(CDIs)-Part 2：Actuator Sensor Interface(AS-i)：IEC：62026-2,2008[S/OL]. [2008-01-29]. https://webstore. iec. ch/en/publication/6316.

［29］ BRENNAN, B. , CORTESE, S. Proposed SERCOS standard to modernize motion system communications. Ⅱ[J]. Powerconversion & Intelligent Motion,1991,17(7):62-67.

[30] Control Network Specification:EIA:709.1:1998[S].

[31] KIRRMANN H,ZUBER P A. The IEC/IEEE train communication network[J]. IEEE Micro,2001,21(2):81-92.

[32] Haverty M. MIL-STD 1553-A standard for data communications[J],Commun. Broadcast, 1986,10(1):29-33.

[33] Low-Voltage Switchgear and Controlgear-Controller-Device Interfaces(CDIs)-Part 3: DeviceNet:IEC:62026-3:2014[S/OL]. [2014-08-22]. https://webstore. iec. ch/en/publication/6317

[34] Low-voltage Switchgear and Controlgear-Controller-Device Interfaces(CDIs)-Part 5: Smart Distributed System (SDS), IEC:62026-5:2000 [S]. [2000-7-31]. https://webstore. iec. ch/en/publication/20247

[35] Road Vehicles-Exchange of Digital Information controller Area Network(CAN) for High-Speed Communication:ISO:11898-2:2024[S/ON] [2024-03]. https://www. iso. org/standard/85120. html

[36] 郭振学,童安民.WorldFIP 现场总线特点及其应用[J].自动化与仪器仪表,2005(4): 53-55.

[37] LIANG G,WANG H,LI W,et al. Communication performance analysis and comparison of two patterns for data exchange between nodes in WorldFIP fieldbus network[J]. ISA Transactions,2010,49(4):567-576.

[38] ALMEIDA L,TOVAR E,FONSECA J A G,et al. Schedulability analysis of real-time traffic in WorldFIP networks:an integrated approach[J]. IEEE Transactions on Industrial Electronics,2002,49(5):1165-1174.

[39] WANG Z,SONG Y Q,YU H B,et al. Worst-case response time of aperiodc message in WorldFIP and its improvement in real-time capability[J]. ISA Transactions,2004, 43(4):623-637.

[40] LIANG G,LI W,CUI Q R,et al. An algorithm to build schedule table for schedule-based fieldbus to reduce communication jitter to its minimum[J]. ISA Transactions, 2022,127:423-436.

[41] WANG TIANRAN,ZHOU YUE. Analysis and heuristic scheduling for real-time communication in FF system[J]. Chinese Journal of Scientific Instrument,2003,21 (1):1-6.

[42] AMPHAWAN J,PITTAYA P. Analysis of macrocycle schedules for an alternative of FF-based feedforward control[J]. International Journal of Innovative Computing Information and Control,2019,15(2):793-801.

[43] SRIDEVI G,SALIGRAM A,NATTARASU V. Effective protocols for industrial communication[C]//SRIDHAR V, PADMA M, RAO K. Emerging Research in Electronics,Computer Science and Technology. Singapore:Springer,2019:1093-1105.

[44] TEERAWAT T,AMPHAWAN J. Integration of hart and FF h1 devices into distributed control system for feedforward control in revamping existing plants[J]. International Journal

of Innovative Computing and Control,2019,15(1):407-415.

[45] SONG J W,CUI J X. Key Technology and Open Test Method of Rail Train Field bus [J]. Journal of Physics:Conference Series,2021,1828(1):012066.

[46] 翟伟翔,白焰,高峰. WorldFIP 智能主站的开发[J]. 电力自动化设备,2009,29(2): 121-124.

[47] STRASS H. Profibus goes international[J]. EPE European Production Engineering, 1995,19(1-2):39-42.

[48] 杨新华,郝晓弘,马向华. WorldFIP 现场总线技术[J]. 工业控制计算机,2001,14(12): 49-51.

[49] TOVARE,VASQUES F. Real-time fieldbus communications using Profibus networks [J]. IEEE Transactions on Industrial Electronics,1999,46(6):1241-1251.

[50] CAVALIERI S,DI LISI N,MONFORTE S. Supporting real-time factory communication in multi master Profibus DP networks[C]//Proceedings of the IEEE Internatinal Symposium on Intelligent Control. Vancouver,BC,Canada. IEEE,2002:801-806.

[51] MARCOS M M,LOPEZ A F,ORIVE D. On the analysis and simulation of temporal behaviour of real time distributed systems using PROFIBUS[C]//2000 IEEE International Workshop on Factory Communication Systems. Proceedings (Cat. No. 00TH8531). Porto,Portugal. IEEE,2000:179-186.

[52] VADI S,BAYINDIR R,TOPLAR Y,et al. Induction motor control system with a Programmable Logic Controller (PLC) and Profibus communication for industrial plants-An experimental setup[J]. ISA Transactions,2022,122:459-471.

[53] RU FENG,XUE JUNYI. Real time performance analysis of Profibus protocol[J]. Journal of System Simulation,2002,14(6):789-792.

[54] GUO D Y,HU Q. Design of multi-indicator integrated testing system for tobacco intelligent silk production line[J]. Journal of Intelligent & Fuzzy Systems,2022,42 (3):2615-2627.

[55] COITO T,MARTINS M S E,VIEGAS J L,et al. A middleware platform for intelligent automation:an industrial prototype implementation[J]. Computers in Industry,2020,123:103329.

[56] ZUNINO C,VALENZANO A,OBERMAISSER R,et al. Factory communications at the dawn of the fourth industrial revolution[J]. Computer Standards & Interfaces, 2020,71:103433.

[57] SESTITO G S,TURCATO A C,DIAS A L,et al. A general optimization-based approach to the detection of real-time Ethernet traffic events[J]. Computers in Industry,2021,128:103413.

[58] Industrial communication networks-Fieldbus specifications-Part1:Introductroy guide:IEC: 61158-1:2023[S/OL]. [2023-3-16]. https://webstore. iec. ch/en/publication/66931.

[59] 国家质量监督检验检疫总局、中国国家标准化管理委员会. 用于工业测量与控制系统 的 EPA 系统结构与通信规范:GB/T 20171—2006[S]. 北京:中国标准出版社,2006.

［60］易明华. EPA 协议一致性测试系统的研究与开发［D］. 重庆：重庆邮电大学，2006.

［61］王恒. EPA 网络协议栈开发及一致性测试研究［D］. 大连：大连理工大学，2008.

［62］刘宁. EPA 工业以太网实时性分析及调度方法的研究［D］. 大连：大连理工大学，2010.

［63］田丽. EPA 实时性分析与调度研究［D］. 大连：大连理工大学，2006.

［64］赵伟，徐皑冬. EPA 实时性测试原理及实现方法［C］. 系统仿真技术及其应用学会，中国，2009.

［65］姜秀柱. 基于 EPA 的煤矿工业以太网实时调度算法研究［D］. 徐州：中国矿业大学，2011.

［66］LU L，FENG D Q，CHU J. Improving the real-time performance of Ethernet for plant automation（EPA）based industrial networks［J］. Journal of Zhejiang University SCIENCE C，2013，14（6）：433-448.

［67］段新. 基于 EPA 的船舶自动化监控系统设计［D］. 杭州：浙江大学，2010.

［68］王彦邦. 基于 EPA 通信的压力变送器开发［J］. 电子测试，2009，3：76-82.

［69］王文亮. 基于 EPA 协议电动执行器开发［D］. 天津：天津大学，2012.

［70］张宝坤. 基于北斗卫星导航系统和实时以太网 EPA 的配电线路全线速断保护研究［D］. 济南：山东大学，2010.

［71］JASPERNEITE J. An overview of real-time Ethernet［J］. Automatisierungstechnische Praxis，2005，47（3）：29-34.

［72］钟秉林，黄仁. 机械故障诊断学［M］. 3 版. 北京：机械工业出版社，2007.

［73］HATINEN L，PIRTTILÄ M，VISKARI S，et al. The investment logics of Finnish industrial maintenance service providers［J］. International Journal of Strategic Engineering Asset Management，2012，1（1）：33.

［74］张春香. 可维修系统的可靠性研究［D］. 秦皇岛：燕山大学，2001.

［75］SHAFIEE M，CHUKOVA S. Maintenance models in warranty：a literature review［J］. European Journal of Operational Research，2013，229（3）：561-572.

［76］AHMAD R，KAMARUDDIN S. An overview of time-based and condition-based maintenance in industrial application［J］. Computers & Industrial Engineering，2012，63（1）：135-149.

［77］LAI C D，MURTHY D N，XIE M. Weibull distributions and their applications［M］. London：Springer London，2006.

［78］MARIAPPAN V，SUBASH BABU A，AMONKAR U J，et al. Integrated graphical model to evaluate multi-criteria maintenance policies for degradable systems［J］. International Journal of System Assurance Engineering and Management，2013，4（1）：67-77.

［79］BARLOW R，HUNTER L. Optimum preventive maintenance policies［J］. Operations Research，1960，8（1）：90-100.

［80］DAS A N，ACHARYA D. Age replacement of components during IFR delay time［J］. IEEE Transactions on Reliability，2004，53（3）：306-312.

［81］NAKAGAWA T，YASUI K. Note on optimal redundant policies for reliability models

[J]. Journal of Quality in Maintenance Engineering,2005,11(1):82-96.

[82] CHILDRESS S,DURANGO-COHEN P. On parallel machine replacement problems with general replacement cost functions and stochastic deterioration [J]. Naval Research Logistics (NRL),2005,52(5):409-419.

[83] MAILLART L M,FANG X. Optimal maintenance policies for serial,multi-machine systems with non-instantaneous repairs[J]. Naval Research Logistics (NRL),2006, 53(8):804-813.

[84] LAGGOUNE R,CHATEAUNEUF A,AISSANI D. Impact of few failure data on the opportunistic replacement policy for multi-component systems [J]. Reliability Engineering & System Safety,2010,95(2):108-119.

[85] LAGGOUNE R,CHATEAUNEUF A,AISSANI D. Opportunistic policy for optimal preventive maintenance of a multi-component system in continuous operating units [J]. Computers & Chemical Engineering,2009,33(9):1499-1510.

[86] DEKKER R,SCARF P A. On the impact of optimisation models in maintenance decision making:the state of the art[J]. Reliability Engineering & System Safety, 1998,60(2):111-119.

[87] SCARF P A,CAVALCANTE C A V. Hybrid block replacement and inspection policies for a multi-component system with heterogeneous component lives [J]. European Journal of Operational Research,2010,206(2):384-394.

[88] WU J,ADAM NG T S,XIE M,et al. Analysis of maintenance policies for finite life-cycle multi-state systems[J]. Computers & Industrial Engineering,2010,59(4): 638-646.

[89] HARTMAN J C,BAN J. The series-parallel replacement problem[J]. Robotics and Computer-Integrated Manufacturing,2002,18(3/4):215-221.

[90] SATOW T,TERAMOTO K,NAKAGAWA T. Optimal replacement policy for a cumulative damage model with time deterioration[J]. Mathematical and Computer Modelling,2000,31(10/11/12):313-319.

[91] SHEU S H,GRIFFITH W S. Extended block replacement policy with shock models and used items[J]. European Journal of Operational Research,2002,140(1):50-60.

[92] SHEU S H,CHIEN Y H. Optimal age-replacement policy of a system subject to shocks with random lead-time[J]. European Journal of Operational Research,2004, 159(1):132-144.

[93] HSIEH C C. Replacement and standby redundancy policies in a deteriorating system with aging and random shocks[J]. Computers & Operations Research,2005,32(9): 2297-2308.

[94] LAI M T,CHEN Y C. Optimal periodic replacement policy for a two-unit system with failure rate interaction [J]. The International Journal of Advanced Manufacturing Technology,2006,29(3):367-371.

[95] CHIEN Y H. A number-dependent replacement policy for a system with continuous

preventive maintenance and random lead times[J]. Applied Mathematical Modelling, 2009,33(3):1708-1718.

[96] LAI M T,SHIH W,TANG K Y. Economic discrete replacement policy subject to increasing failure rate shock model [J]. The International Journal of Advanced Manufacturing Technology,2006,27(11):1242-1247.

[97] RANGAN A,THYAGARAJAN D,SARADA Y. Optimal replacement of systems subject to shocks and random threshold failure[J]. International Journal of Quality & Reliability Management,2006,23(9):1176-1191.

[98] LEUNG F K N,FONG C Y. A repair-replacement study for gearboxes using geometric processes[J]. International Journal of Quality & Reliability Management, 2000, 17 (3): 285-304.

[99] MOUSTAFA M S,ABDEL MAKSOUD E Y,SADEK S. Optimal major and minimal maintenance policies for deteriorating systems[J]. Reliability Engineering & System Safety,2004,83(3):363-368.

[100] DOHI T,ASHIOKA A,OSAKI S,et al. Optimizing the repair-time limit replacement schedule with discounting and imperfect repair[J]. Journal of Quality in Maintenance Engineering,2001,7(1):71-84.

[101] SHEU S H,CHANG C C,CHEN Y L,et al. A periodic replacement model based on cumulative repair-cost limit for a system subjected to shocks[J]. IEEE Transactions on Reliability,2010,59(2):374-382.

[102] ZEQUEIRA R I,BÉRENGUER C. Periodic imperfect preventive maintenance with two categories of competing failure modes[J]. Reliability Engineering & System Safety,2006,91(4):460-468.

[103] WANG H Z,PHAM H. Availability and maintenance of series systems subject to imperfect repair and correlated failure and repair [J]. European Journal of Operational Research,2006,174(3):1706-1722.

[104] LAI M T. A periodical replacement model based on cumulative repair-cost limit[J]. Applied Stochastic Models in Business and Industry,2007,23(6):455-464.

[105] AVEN T,CASTRO I T. A minimal repair replacement model with two types of failure and a safety constraint[J]. European Journal of Operational Research,2008, 188(2):506-515.

[106] CASTRO I T. A model of imperfect preventive maintenance with dependent failure modes[J]. European Journal of Operational Research,2009,196(1):217-224.

[107] YEO W M,YUAN X M. Optimal warranty policies for systems with imperfect repair[J]. European Journal of Operational Research,2009,199(1):187-197.

[108] BARTHOLOMEW-BIGGS M,ZUO M J,LI X H. Modelling and optimizing sequential imperfect preventive maintenance[J]. Reliability Engineering & System Safety,2009,94(1):53-62.

[109] SORO I W,NOURELFATH M,AÏT-KADI D. Performance evaluation of multi-

state degraded systems with minimal repairs and imperfect preventive maintenance [J]. Reliability Engineering & System Safety,2010,95(2):65-69.

[110] JARDINE A K S,LIN D M,BANJEVIC D. A review on machinery diagnostics and prognostics implementing condition-based maintenance[J]. Mechanical Systems and Signal Processing,2006,20(7):1483-1510.

[111] BLOCH H P,GEITNER F K. Machinery failure analysis and troubleshooting[M]. Houston:Gulf Pub. Co. ,1983.

[112] AL-NAJJAR B. Condition-based maintenance:selection and improvement of acost-effective vibration-based policy for rolling element bearings[M]. Sweden:Lund University,1997.

[113] CARNERO M C. Selection of diagnostic techniques and instrumentation in a predictive maintenance program. A case study[J]. Decision Support Systems,2005, 38(4):539-555.

[114] HIGGS P A,PARKIN R,JACKSON M,et al. A survey on condition monitoring systems in industry [C]//Proceedings of ASME 7th Biennial Conference on Engineering Systems Design and Analysis,July 19-22,2004,Manchester,England. 2008:163-178.

[115] 石磊. 根据声音检测阀门泄漏的方法[J]. 发电设备,1991,01:31-33.

[116] 皮世威. 基于声音的机床运行状态监测系统开发[D]. 北京:北方工业大学,2013.

[117] 杨根莲. 基于声音信号的机床类型、状态及其加工参数识别研究[D]. 南京:南京航空航天大学,2006.

[118] 宋立辉,姜兴渭,张嘉钟. 叶片裂纹声音检测技术研究及应用[J]. 高技术通讯,2002, 12(7):72-76.

[119] 朱益军. 基于声发射检测的滑动轴承状态诊断技术研究[D]. 长沙:长沙理工大学,2011.

[120] BRAVO-IMAZ I,GARCÍA-ARRIBAS A,GORRITXATEGI E,et al. Magnetoelastic viscosity sensor for lubricant oil condition monitoring [J]. Key Engineering Materials,2011,495:71-74.

[121] MÁRTON L. On-line lubricant health monitoring in robot actuators[C]//2011 Australian Control Conference. Melbourne,VIC,Australia. IEEE,2011:167-172.

[122] JIANG X F,LIU F,ZHAO P C. Gearbox non-ferrous metal bearing wear condition monitoring based on oil analysis[J]. Applied Mechanics and Materials,2012,164: 73-76.

[123] YANG PING. Low-noise design of the portable metal particle monitor for oil analysis[J]. Chinese Journal of Scientific Instrument,2005,26(7):754-6,770.

[124] TOLAS,C HILLIGOSS,D THOMAS,R Oil analysis and preventive maintenance [J]. Plant Engineering,2005,59(5):55-57.

[125] YANG W X,LITTLE C,COURT R. S-Transform and its contribution to wind turbine condition monitoring[J]. Renewable Energy,2014,62:137-146.

[126] FOFANA I, BOUSLIMI Y, HEMMATJOU H, et al. Relationship between static electrification of transformer oils with turbidity and spectrophotometry measurements[J]. International Journal of Electrical Power & Energy Systems, 2014, 54:38-44.

[127] WEISZ-PATRAULT D, EHRLACHER A, LEGRAND N. Temperature and heat flux fast estimation during rolling process[J]. International Journal of Thermal Sciences, 2014, 75:1-20.

[128] KIZIROGLOU M E, WRIGHT S W, TOH T T, et al. Design and fabrication of heat storage thermoelectric harvesting devices[J]. IEEE Transactions on Industrial Electronics, 2014, 61(1):302-309.

[129] DE MARIA L, BARTALESI D, SERRAGLI P, et al. Application of optical sensors for diagnostic of electrical components of a distribution network[C]//Sensors. New York: Springer, 2014:517-521.

[130] TRUTT F C, SOTTILE J, KOHLER J L. Online condition monitoring of induction motors[J]. IEEE Transactions on Industry Applications, 2002, 38(6):1627-1632.

[131] LIAO H T, ZHAO W B, GUO H R. Predicting remaining useful life of an individual unit using proportional hazards model and logistic regression model[C]//RAMS' 06. Annual Reliability and Maintainability Symposium. Newport Beach, CA, USA. IEEE, 2006:127-132.

[132] DONG M, HE D, BANERJEE P, et al. Equipment health diagnosis and prognosis using hidden semi-Markov models[J]. The International Journal of Advanced Manufacturing Technology, 2006, 30(7):738-749.

[133] LU S S, TU Y C, LU H T. Predictive condition-based maintenance for continuously deteriorating systems[J]. Quality and Reliability Engineering International, 2007, 23 (1):71-81.

[134] TRAN V T, YANG B S, OH M S, et al. Machine condition prognosis based on regression trees and one-step-ahead prediction[J]. Mechanical Systems and Signal Processing, 2008, 22(5):1179-1193.

[135] GARCIA M C, SANZ-BOBI M A, DEL PICO J. SIMAP: intelligent system for predictive maintenance[J]. Computers in Industry, 2006, 57(6):552-568.

[136] MING TAN C, RAGHAVAN N. A framework to practical predictive maintenance modeling for multi-state systems[J]. Reliability Engineering & System Safety, 2008, 93(8):1138-1150.

[137] AMBANI S, LI L, NI J. Condition-based maintenance decision-making for multiple machine systems[J]. Journal of Manufacturing Science and Engineering, 2009, 131 (3):1.

[138] JIANG R. An accurate approximate solution of optimal sequential age replacement policy for a finite-time horizon[J]. Reliability Engineering & System Safety, 2009, 94(8):1245-1250.

[139] HERZOG M A,MARWALA T,HEYNS P S. Machine and component residual life estimation through the application of neural networks[J]. Reliability Engineering & System Safety,2009,94(2):479-489.

[140] AUGE J. ROBERTS J. A statistical bandwidth sharing perspective on buffer sizing [C]//Managing Traffic Performance in Converged Networks. Proceedings 20th International Teletraffic Congress(ITC20),Ottawa,Canada,2009.

[141] BANERJEE A,GUPTA U C. Reducing congestion in bulk-service finite-buffer queueing system using batch-size-dependent service[J]. Performance Evaluation, 2012,69(1):53-70.

[142] 史春华,张浩,彭道刚,等. EPA 实时工业以太网通信协议的研究[J]. 自动化仪表, 2009,30(12):1-5.

[143] 章涵. EPA 实时可靠通信协同调度与优化研究[D]. 杭州:浙江大学,2010.

[144] XIANFU ZHANG,DONGQIN FENG. Study and realization of EPA communication schedule alogrithm based on parallel processing[J]. Gaojishu Tongxin,2009,19(4): 434-439.

[145] BIN YANG, SHUANGCUN WANG, ZHIGANG LI, et al. EPA deterministic communication and test method research[J]. Microcomputer Information,2009,25 (21):97-99.

[146] LIANGHUA CHEN,YUAN HUANG. Design and implementation of EPA protocol scheduler test system[J]. Automation and Instrumentation,2008,23(4):47-50.

[147] JAGANNATHAN K,MODIANO E. The impact of queue length information on buffer overflow in parallel queues[J]. IEEE Transactions on Information Theory, 2013,59(10):6393-6404.

[148] KHINTCHINE A Y. Mathematical methods in the theory of queueing [J]. Economica,1962,29(114):227.

[149] ARTALEJO J R,CHAKRAVARTHY S R. Computational analysis of the maximal queue length in the MAP/M/c retrial queue [J]. Applied Mathematics and Computation,2006,183(2):1399-1409.

[150] FULONG CHEN, XIAOYA FAN. Analyzing embedded multitasking system's performance using queuing theory[J]. Computer Engineering and Applications, 2006,42(36):4-6.

[151] KIM B,SOHRABY K. Tail behavior of the queue size and waiting time in a queue with discrete autoregressive arrivals[J]. Advances in Applied Probability,2006,38 (4):1116-1131.

[152] REED J. The G/GI/N queue in the Halfin-Whitt regime[J]. The Annals of Applied Probability,2009,19(6):157-159.

[153] WU J B,LIU Z M,PENG Y. On the BMAP/G/1 G-queues with second optional service and multiple vacations[J]. Applied Mathematical Modelling,2009,33(12): 4314-4325.

[154] PECHINKIN A V,RAZUMCHIK R V. A queueing system with negative claims and a bunker for superseded claims in discrete time[J]. Automation and Remote Control,2009,70(12):2039-2049.

[155] C MOURA D F,SALLES R M,GALDINO J F. Generalized input deterministic service queue model:analysis and performance issues for wireless tactical networks [J]. IEEE Communications Letters,2009,13(12):965-967.

[156] WANG YU,SHENGLI LU,LEI ZHANG. Two kinds of queuing systems with negative customers and preemptive priority[J]. Journal of Henan University of Science and Technology(Natural Science),2012,33(6):64-68,73.

[157] MYERS D S,VERNON M K. Estimating queue length distributions for queues with random arrivals[J]. ACM SIGMETRICS Performance Evaluation Review,2012,40 (3):77-79.

[158] TAO L,LIU Z M,WANG Z Z. M/M/1 retrial queue with collisions and working vacation interruption under N-policy[J]. RAIRO-Operations Research,2012,46(4): 355-371.

[159] WANG J T,ZHANG F. Strategic joining in M/M/1 retrial queues[J]. European Journal of Operational Research,2013,230(1):76-87.

[160] KENDALL D G. Some problems in the theory of queues[J]. Journal ofthe Royal Statistical Society Series B:Statistical Methodology,1951,13(2):151-173.

[161] BARANOV I V,KHUTORTSEV V V. Current optimization of search of objects for the model of distributed Poisson flow of their appearance[J]. Journal of Computer and Systems Sciences International,2011,50(6):859-869.

[162] NIE J J,WU X. Existence and multiplicity of non-trivial solutions for a class of modified Schrödinger-Poisson systems[J]. Journal of Mathematical Analysis and Applications,2013,408(2):713-724.

[163] ASHOUR M,LE-NGOC T. Performance of weighted fair queuing systems with long range dependent traffic inputs [C]//Canadian Conference on Electrical and Computer Engineering. Saskatoon,SK,Canada. IEEE,2005:1002-1005.

[164] 林元烈. 应用随机过程[M]. 北京:清华大学出版社,2002.

[165] MAHMOUD M A W,MOSHREF M E. On a two-unit cold standby system considering hardware,human error failures and preventive maintenance[J]. Mathematical and Computer Modelling,2010,51(5/6):736-745.

[166] FELLER W. On semi-markov processes[J]. Proceedings of the National Academy of Sciences of the United States of America,1964,51(4):653-659.

[167] MAHMOUD M A W,MOHIE EL-DIN M M,EL-SAID MOSHREF M. Reliability analysis of a two-unit cold standby system with inspection,replacement,proviso of rest,two types of repair and preparation time[J]. Microelectronics Reliability,1995, 35(7):1063-1072.

[168] KIM H,KIM P. Reliability models for a nonrepairable system with heterogeneous

components having a phase-type time-to-failure distribution [J]. Reliability Engineering & System Safety,2017,159:37-46.

[169] 尹东亮,胡涛,陈童,等.考虑多维修台异步多重休假的温贮备冗余系统可靠性 模型. 控制与策,2020,35(4):973-984.

[170] CASTELLAN S,MENIS R,TESSAROLO A,et al. A review of power electronics equipment for all-electric ship MVDC power systems[J]. International Journal of Electrical Power & Energy Systems,2018,96:306-323.

[171] ROY A,GUPTA N. Reliability of a coherent system equipped with two cold standby components[J]. Metrika,2020,83(6):677-697.

[172] ZHAI Q Q,XING L D,PENG R,YANG J. Multi-valued decision diagram-based reliability a nalysis of k-out-of-n cold standby systems subject to scheduled backups. IEEE Transactions on Reliability,2015,64(4):1310-1324.

[173] COPPIT D,SULLIVAN K J,DUGAN J B. Formal semantics of models for computational engineering:a case study on dynamic fault trees[C]//Proceedings 11th International Symposium on Software Reliability Engineering. ISSRE. San Jose,CA,USA. IEEE,2000:270-282.

[174] LEVITIN G,XING L D,DAI Y S. Heterogeneous non-repairable warm standby systems with periodic inspections[J]. IEEE Transactions on Reliability,2016,65 (1):394-409.

[175] PENG R,TANNOUS O,XING L D,XIE M. Reliability of smart grid systems with warm standby spares and imperfect coverage [C]//Proceedings of the 1st International Conference on Smart Grids and Green IT Systems. April 19-20,2012. Porto,Portugal. SciTePress-Science and and Technology Publications,2012:61-66.

[176] CRUYT A L M,GHOBBAR A A,CURRAN R. A value-based assessment method of the support ability for a new aircraft entering into service[J]. IEEE Transactions on Reliability,2014,63(4):817-829.

[177] ZHAO J B,LI Y K,YANG G F,et al. Efficient organic solar cells processed from hydrocarbon solvents[J]. Nature Energy,2016,1(2):15027.

[178] ELERATH J,PECHT M. A highly accurate method for assessing reliability of redundant arrays of inexpensive disks (RAID) [J]. IEEE Transactions on Computers,2009,58(3):289-299.

[179] Hsieh C C,Hsieh Y C. Reliability and cost optimization in distributed computing systems[J]. Computers and Operations Research,2003,30(8):1103-1119.

[180] JOHNSON B W,JULICH P M. Fault tolerant computer system for the A129 helicopter[C]//IEEE Transactions on Aerospace and Electronic Systems,1985, AES-21(2):220-229.

[181] GUO L,GUI W H. Statistical inference of the reliability for generalized exponential distri bution under progressive type-II censoring schemes. IEEE Transactions on Reliability,2018,67(2):470-480.

[182] WANG K H,LIU Y C,PEARN W L. Cost benefit analysis of series systems with warm standby components and general repair time[J]. Mathematical Methods of Operations Research,2005,61(2):329-343.

[183] YEH L. A note on the optimal replacement problem[J]. Advances in Applied Probability,1988,20(2):479-482.

[184] NIU C Y,LIANG X L,GE B F,et al. Optimal replacement policy for a repairable system with deterioration based on a renewal-geometric process[J]. Annals of Operations Research,2016,244(1):49-66.

[185] 高俏俏,岳德权.修理设备可修理的几何过程模型的最优维修策略[J].系统工程理论与实践,2018,38(4):1043-1051.

[186] WANG G J,ZHANG Y L. Geometric process model for a system with inspections and preventive repair[J]. Computers & Industrial Engineering,2014,75:13-19.

[187] 高俏俏.有两种故障状态的两部件串联系统的预防维修策略[J].运筹与管理,2021(30)3:117-122.

[188] 王怡,岳德权.基于几何过程和位相分布休假的两部件并联可修系统的可靠性分析[J].数学的实践与认识,2017,47(8):190-199.

[189] YUAN L,XU J. An optimal replacement policy for a repairable system based on its repairman having vacations[J]. Reliability Engineering & System Safety,2011,96(7):868-875.

[190] ZHANG Y L,WANG G J. A geometric process repair model for a cold standby repairable system with imperfect delay repair and priority in use [J]. Communications in Statistics-Theory and Methods,2017,46(16):8046-8058.

[191] LATPATE R V,THORVE B K. Replacement policy for cold standby repairable system with priority in use by using arithmetico-geometric process[J]. International Journal of Reliability,Quality and Safety Engineering,2020,27(3):2050009.

[192] 杨天枢,高文科.基于拓展几何过程的冷贮备系统维修策略优化[J].计算机集成制造系统,2022,28(1):84-92.